高等学校学习辅导与习题精解丛书

流体输配管网学习辅导与习题精解

肖益民　林真国　张素云　编
付祥钊　主审

中国建筑工业出版社

图书在版编目（CIP）数据

流体输配管网学习辅导与习题精解/肖益民，林真国，张素云编. —北京：中国建筑工业出版社，2007（2021.11重印）
（高等学校学习辅导与习题精解丛书）
ISBN 978-7-112-08899-7

Ⅰ. 流… Ⅱ. ①肖…②林…③张… Ⅲ. 房屋建筑设备-流体输送-管网-高等学校-教学参考资料 Ⅳ. TU81

中国版本图书馆CIP数据核字（2007）第140821号

本书为高等学校建筑环境与设备工程专业"流体输配管网"课程的辅助教材，全书取材和深度紧密结合教学的实际需求，与《流体输配管网》（第二版）教材对应，共分八章：流体输配管网形式与装置；气体管流水力特征与水力计算；液体输配管网水力特征与水力计算；多相流管网水力特征与水力计算；泵与风机的理论基础；泵、风机与管网的匹配；枝状管网的水力工况分析与调节；环状管网的水力计算与水力工况分析。紧扣课程教学大纲，分别提炼出各章的学习要点，并给出了各章习题的详细解答。

本书也可供公用设备工程师、其他相关专业师生及工程技术人员学习参考。

* * *

责任编辑：齐庆梅
责任设计：董建平
责任校对：安 东 孟 楠

高等学校学习辅导与习题精解丛书
流体输配管网学习辅导与习题精解
肖益民 林真国 张素云 编
付祥钊 主审
*
中国建筑工业出版社出版、发行（北京西郊百万庄）
各地新华书店、建筑书店经销
北京华艺制版公司排版
北京建筑工业印刷厂印刷
*
开本：787×1092毫米 1/16 印张：7¼ 字数：178千字
2007年11月第一版 2021年11月第五次印刷
定价：**20.00**元
ISBN 978-7-112-08899-7
（34432）

前　言

本书是高等学校建筑环境与设备工程专业“流体输配管网”课程的辅助教材。“流体输配管网”课程是各种公用设备工程中形成和发展起来的通用理论与技术，是一门既有较强的理论性、又与工程实际紧密结合的专业平台课程。

为帮助广大师生更好地学习“流体输配管网”课程，本书紧密结合教学的实际需求，紧扣课程教学大纲，与《流体输配管网》（第二版）教材对应，分别提炼出了各章的学习要点。

本书给出了《流体输配管网》（第二版）教材各章习题的详细解答。习题取材既注重基本概念与基本理论，又注重与工程实践相结合，很多习题是从各类工程实际问题中提炼出来的，有助于增强学生利用基本理论分析和解决工程实际问题的能力。

参加本书编写的有：肖益民（编写第五、六、七、八章）、林真国（编写第一、二、三章）、张素云（编写第四章），最后由肖益民统稿。本书由付祥钊主审。

由于编者水平和经验有限，书中难免会存在错误和不妥之处，恳请读者批评指正。

前言

目　　录

第1章　流体输配管网类型与装置

学习要点：

0　课程前言

（1）了解“流体输配管网”的课程性质及作用。

1）课程性质：“流体输配管网”是一门专业基础课程。本课程教学过程中涉及较多的专业知识，是一门与专业课程结合紧密的专业基本技术理论课程，因而具有基础理论性与工程实践性的双重特点。本课程是将“空调工程”、“供热工程”、“燃气输配”、“通风工程”、“建筑给水排水工程”、“锅炉及锅炉房设备”、“建筑消防工程”、“工厂动力工程”等课程中的管网系统原理抽出，经提炼后与“流体力学泵与风机”课程中的泵与风机部分进行整合、充实而成的一门课程。

2）课程作用：首先，本课程具有专业平台课程的作用，为后续专业课程的学习作必要的铺垫，涉及本专业各类工程的公用设备管网部分的基本原理、设计分析基本方法、管网运行调节方法等，是学好后续专业课程的必要准备；其次，本课程是全国注册公用设备工程师考试的内容之一，学好本课程有利于今后执业；再次，本课程有利于学生综合素质的培养。流体输配管网是比较综合的专业基础课程，有利于拓宽学生的专业口径，涵盖了暖通空调、燃气输配、给水排水、热能动力、建筑消防工程等专业，便于学生今后工作的转换和拓展。

（2）了解“流体输配管网”课程的基本要求及学习方法。

1）本课程学习结束后学生要达到以下要求：

① 理解流体输配管网系统在本专业中的位置和重要性；

② 了解各类工程中管网系统的作用以及管网系统与前述工程的其他组成部分之间的相互关系；

③ 了解管网系统的基本构成、各构成的作用、各构成之间的相互关系；

④ 掌握分支、节点和回路的概念；熟悉常用流体水力特性；熟悉各类管网主要管件和装置的性能；

⑤ 熟悉不同类型管网系统的水力特征；掌握其水力计算和水力工况分析的基本理论和基本方法；

⑥ 掌握泵与风机的理论基础；掌握泵与风机的样本性能曲线和在管网系统中的工作性能曲线以及二者之间的联系与区别；掌握泵与风机与管网系统的匹配原理，能正确合理地选用泵与风机；掌握泵与风机工作性能的调节方法；

⑦ 掌握管网运行调节原理和方法，包括泵与风机联合运行工况的分析方法；

⑧ 理解管网系统的特征方程组；初步掌握管网系统水力工况的计算机分析方法和调控技术。

2）学习方法：学习本课程应该结合本课程的特点，注重教材，结合参考书——多学多看；认真听课，发现问题——多思多问；独立完成作业，学以致用——多练多用。课外的相关参考资料对学好本课程的确有帮助，但课程教材（付祥钊主编. 流体输配管网（第二版）. 中国建筑工业出版社，2005 年 7 月出版）是学习本课程很好的学习材料。该教材附录列出的参考文献是学习本课程值得参考的课外材料，有条件的同学应该查阅其中的相关内容。此外，由于本课程与专业课程结合紧密的特点，学生应该结合专业课程和实验、实习等实践教学环节，培养学习本课程的兴趣，摸索适合自己的学习方法。

1.1 气体输配管网类型与装置

（1）了解通风空调管网系统常用形式和常用的装置，掌握各装置的名称和作用。

图 1-1 是一个采用吊顶空调器同时处理新风和回风的工程例子。室外新风从 8 进入 2，室内回风从 6 进入 2，二者混合后进入 1 作热湿处理，经 3 进入风管 7，由 5 送向室内空调区域，达到室内空气的设计状态。4 的作用可以适当调节总送风量，也可在发生火灾时关闭送风，属于调节装置和附属装置；12 的作用是调节新风量，属于调节装置；1 中安装有风机，提供空气输送动力，属于动力装置；5 是本系统的末端装置。

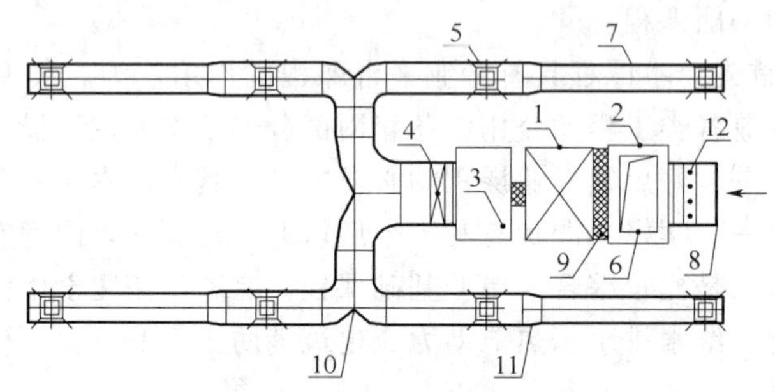

图 1-1　吊顶式空调器处理新风和回风管网示意图

1—空调器；2—混风箱；3—消声静压箱；4—防火调节阀；5—散流器；6—回风口；7—送风管道；8—防雨新风口；9—软接头；10—三通；11—变径头；12—对开多叶调节阀

（2）了解燃气输配管网的系统构成，知道燃气管网的压力分级，掌握燃气调压站的作用和构成。

1）燃气输配管网由分配管道、用户引入管和室内管道三部分组成，各部分管道内燃气的压力不同。如图 1-2 所示，是燃气从气田到用气末端沿途所经历的管网及装置系统示意图。

2）燃气管道漏气可能导致火灾、爆炸、中毒及其他安全事故。燃气管道的气密性与其他管道相比有特别严格的要求。管道中压力越高，管道接头脱开或管道本身裂缝的可能性和危险性就越大。燃气用户对燃气压力的要求也不同，因此，燃气管道按输气压力分级。除了能够满足不同压力范围的用户要求外，还可以根据不同压力等级，选用适合该压力输送要求的管道材质、安装质量、检验标准和运行管理要求等技术指标，达到经济、安全、可靠的目的。

3）调压站是城市燃气输配管网的一个重要设施，其作用是调压和稳压，图 1-3 是燃气调压站的工艺流程示意图。结合教材，理解图中调压站各部分构件的名称和作用。

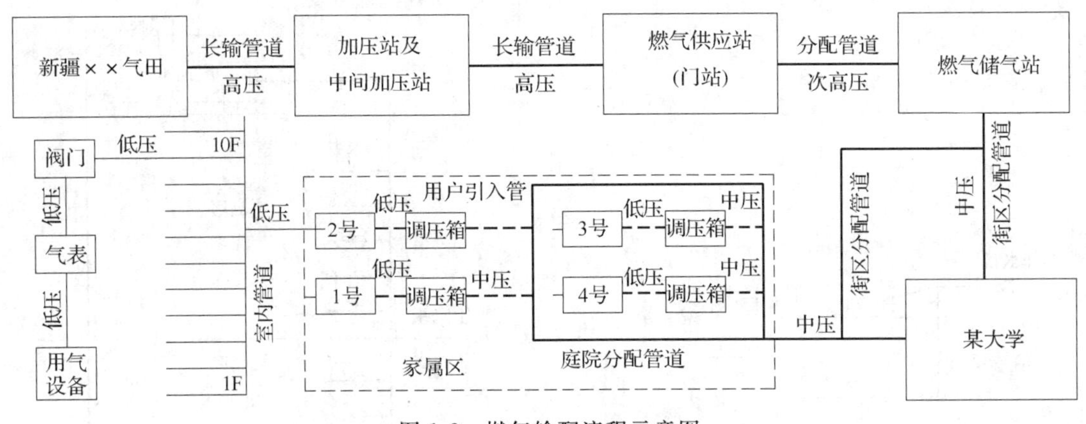

图 1-2　燃气输配流程示意图

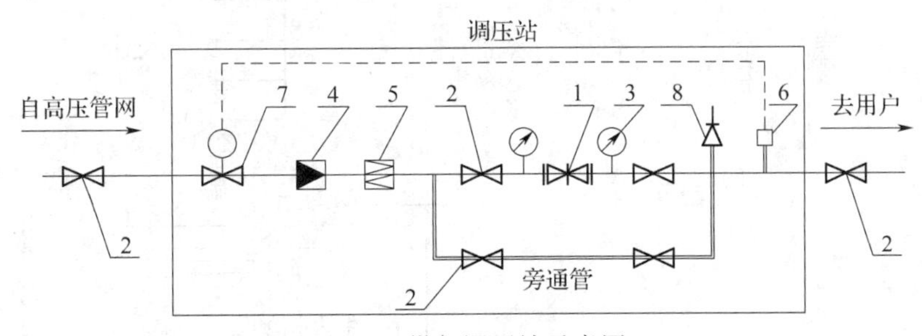

图 1-3　燃气调压站示意图

1—调压器；2—阀门；3—压力表；4—过滤器；
5—流量计；6—检漏仪；7—自动阀；8—安全阀

1.2　液体输配管网类型与装置

（1）理解液体输配管网常见的类型和装置。

1）掌握液体输配管网的分类方式；理解重力循环、机械循环、同程式、异程式、定流量、变流量、单式泵、复式泵、枝状管网、环状管网、直接连接、间接连接、开式管网、闭式管网等概念和各自特点。

2）掌握液体输配管网常用的装置：排气及排水装置、散热器温控阀、分水器、集水器、过滤器、分流与汇流装置（二通、三通、四通）、补偿器、调节阀、引射器、止回阀、减压阀、安全阀、调节阀、消防给水管网装置（消火栓、喷头、水泵接合器、报警阀等）。掌握膨胀水箱的作用、配管（如图 1-4）和在管网中的安装位置。膨胀水箱可用来贮存液体输配管网中冷热水由于水温上升引起的膨胀水量，也有从管网排气、向管网补水、恒定管网定压点压力等作用。膨胀水箱的膨胀水管与水系统管路连接，在重力循环系统中，常接在供水立管的顶端；在机械循环系统中，一般接在水泵入口管上。注意膨胀管和循环管上禁止安装阀门，在冬季无冻结危险的地区可以不设循环管。

（2）理解高层建筑给水分区的原因，掌握常用的分区方式。

高层建筑给水分区是为了减少供水中静水压力过大引起的水锤、设备损坏等不良影响。工程应用除了教材上介绍的串联式、减压式和并联式分区供水方式外，还可采用减压阀的方式，如图 1-5 所示，可节省设备和安装空间，实际工程中有不少应用，但这种方式会引起加压水泵组总能耗的增加。

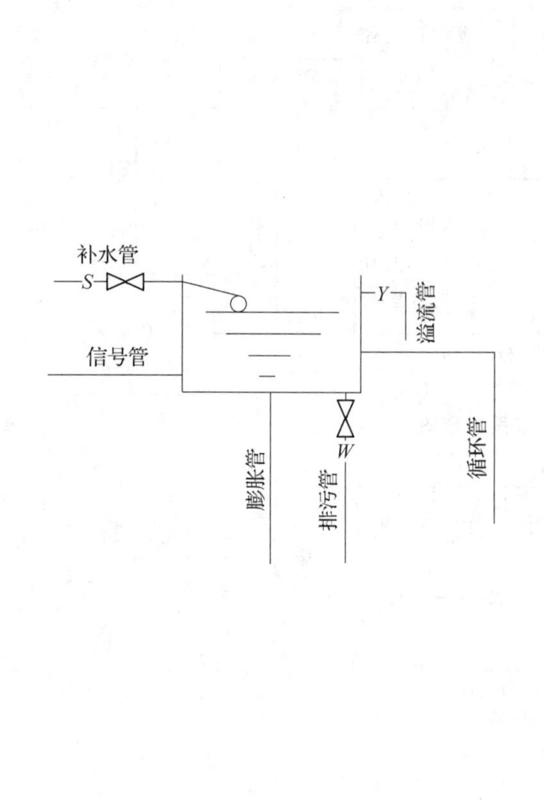

图 1-4 膨胀水箱常见接管示意图

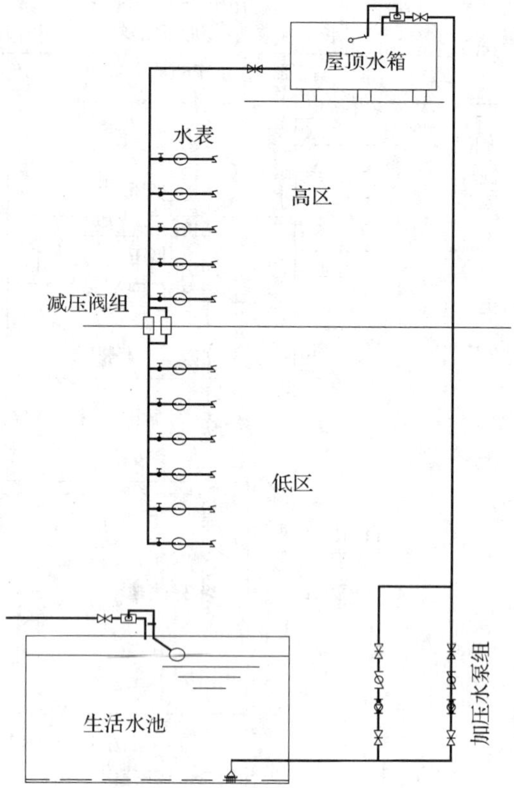

图 1-5 减压阀分区给水示意图

1.3 相变流或多相流管网类型与装置

（1）理解蒸汽供暖管网的特点和管网基本形式，掌握疏水器的作用和设置位置。

1）掌握蒸汽供暖管网内相态变化的原因和过程，掌握蒸汽管网的分类和基本形式，了解凝结水管网的类型，掌握重力回水、余压回水、加压回水、满管流、非满管流等概念。

2）疏水器有阻止蒸汽流出、允许凝结水通过的作用，同时可排出蒸汽供暖管网内的不凝性气体。实际使用中疏水器工作时也会使少量蒸汽泄漏，疏水器常根据需要设置在散热器凝结水出水管、蒸汽供汽立管末端、供汽水平干管与竖直立管转角处等位置。

（2）了解蒸汽供暖系统凝结水管网的类型，理解各类凝结水回收系统的构成。

（3）了解建筑排水管网的组成和类型，了解气力输送系统的用途和系统构成。

1.4 流体输配管网的基本组成与基本类型

总结各类流体输配管网的异同点，掌握流体输配管网各基本组成部分的功能，掌握流体输配管网的分类。

习题精解：

1-1 认真观察 1～3 个不同类型的流体输配管网，绘制出管网系统图。结合第 1 章学习的知识，回答以下问题：

（1）该管网的作用是什么？

（2）该管网中流动的流体是液体还是气体？还是水蒸气？是单一的一种流体还是两种流体共同流动？或者是在某些地方是单一流体，而其他地方有两种流体共同流动的情况？如果有两种流体，请说明管网不同位置的流体种类、哪种流体是主要的。

（3）该管网中工作的流体是在管网中周而复始地循环工作，还是从某个（某些）地方进入该管网，又从其他地方流出管网？

（4）该管网中的流体与大气相通吗？在什么位置相通？

（5）该管网中的哪些位置设有阀门？它们各起什么作用？

（6）该管网中设有风机（或水泵）吗？有几台？它们的作用是什么？如果有多台，请分析它们之间是一种什么样的工作关系（并联还是串联）？为什么要让它们按照这种关系共同工作？

（7）该管网与你所了解的其他管网（或其他同学绘制的管网）之间有哪些共同点？哪些不同点？

答：选取教材中三个系统图，分析如表 1-1 所示。

三种不同类型流体输配管网系统分析表　　**表 1-1**

图　　号	图 1-1-2	图 1-2-14（*a*）	图 1-3-14（*b*）
问（1）	输配空气	输配生活给水	生活污水、废水排放
问（2）	气体	液体	液体、气体多相流，液体为主
问（3）	从一个地方流入管网，其他地方流出管网	从一个地方流入管网，其他地方流出管网	从一个地方流入管网，其他地方流出管网
问（4）	入口及出口均与大气相通	末端水龙头处与大气相通	顶端通气帽与大气相通
问（5）	通常在风机进出口附近及各送风口处设置阀门，用于调节总送风量及各送风口风量	各立管底部、水泵进出口及整个管网最低处设有阀门，便于调节各管段流量和检修时关断或排出管网内存水	无阀门
问（6）	1 台风机，为输送空气提供动力	1 台水泵，为管网内生活给水提供动力	无风机、无水泵
问（7）	与燃气管网相比，流体介质均为气体，但管网中设施不同	与消防给水管网相比，流体介质均为液体，但生活给水管网中末端为水龙头，消防给水管网末端为消火栓	与气体输送系统相比，都是多相流管网，但流体介质的种类及性质不同

说明：本题仅供参考，同学可根据实际观察的管网进行阐述。

1-2　绘制自己居住建筑的给排水管网系统图。

答：参考给水及排水系统图，如图 1-6、图 1-7 所示。

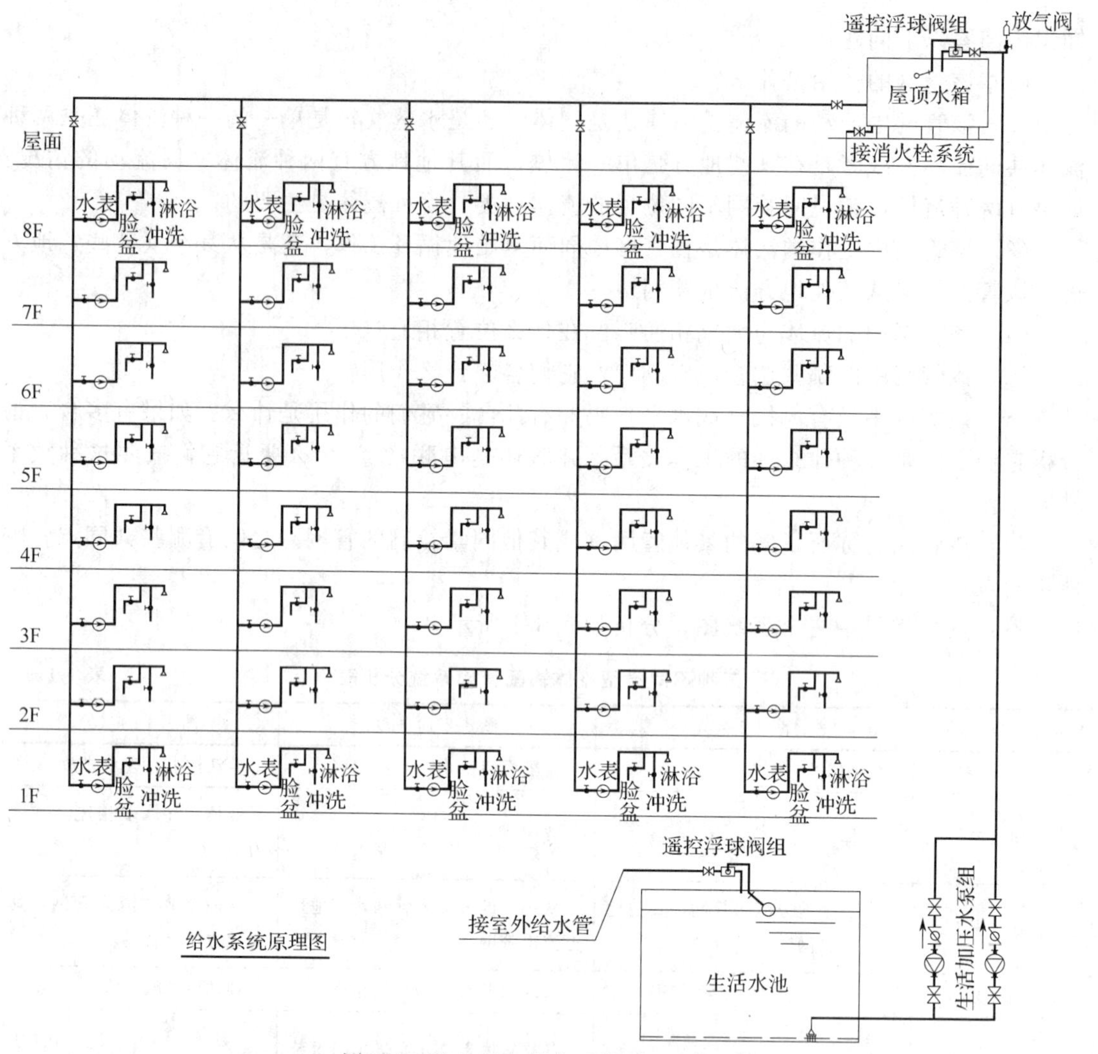

图 1-6 学生宿舍给水系统图（参考）

1-3 流体输配管网有哪些基本组成部分？各有什么作用？

答：流体输配管网的基本组成部分及各自作用如表 1-2 所示。一个具体的流体输配管网不一定必须具备表 1-2 中所有的组成部分。

1-4 试比较气相、液相、多相流这三类管网的异同点。

答：（1）相同点：各类管网构造上一般都包括管道系统、动力系统、调节装置、末端装置以及保证管网正常工作的其他附属设备。

（2）不同点：① 各类管网的流动介质不同；

② 管网具体形式、布置方式等不同；

③ 各类管网中动力装置、调节装置及末端装置、附属设施等有些不同。

说明：随着课程的进一步深入，还可以总结其他异同点，如：

（1）相同点：① 管网中工质的流动遵循流动能量方程；

② 管网水力计算思路基本相同；

③ 管网特性曲线可以表示成 $\Delta P = SQ^2 + P_{st}$；

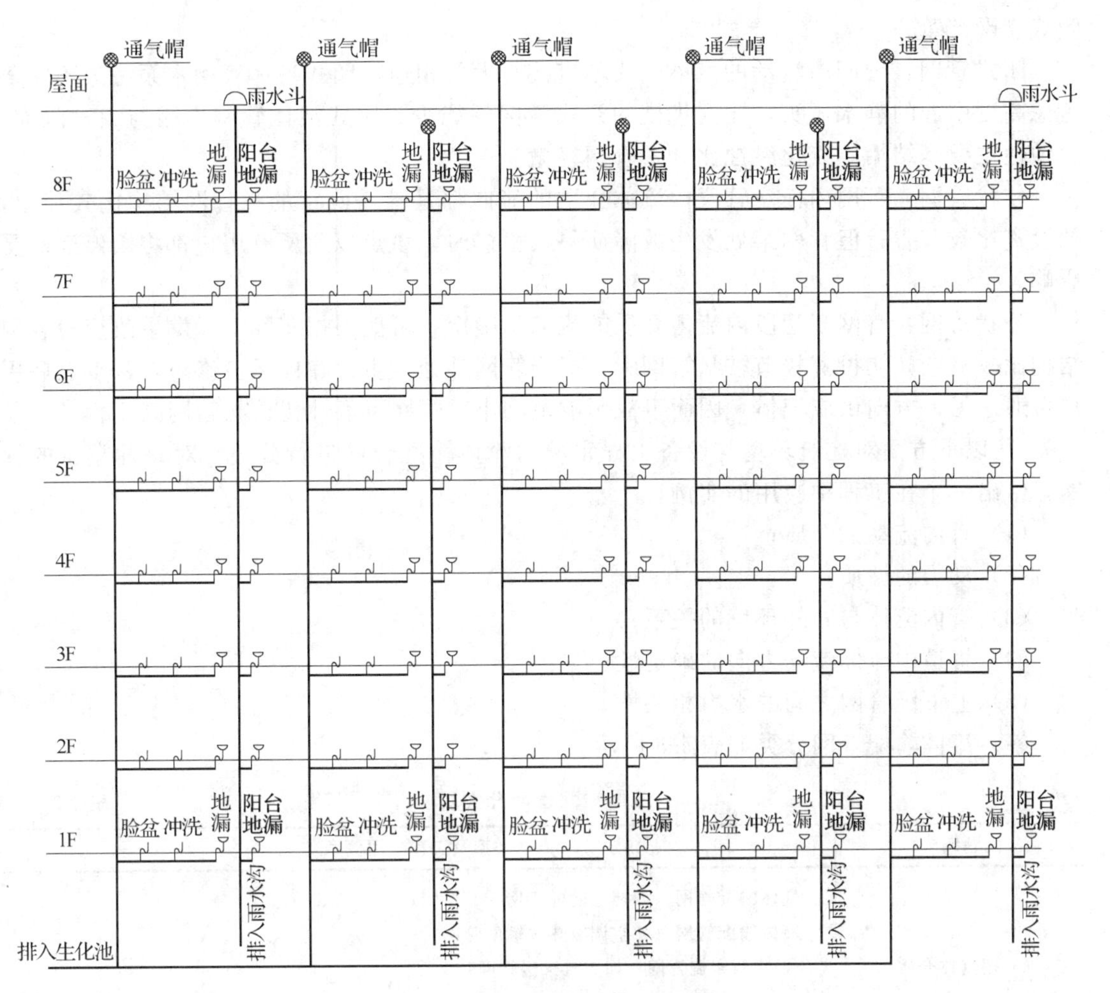

图 1-7　学生宿舍排水系统图（参考）

流体输配管网的基本组成部分及其作用　　**表 1-2**

组成	管道	动力装置	调节装置	末端装置	附属设备
作用	为流体流动提供流动空间	为流体流动提供需要的动力	调节流量，开启/关闭管段内流体的流动	直接使用流体，是流体输配管网内流体介质的服务对象	为管网正常、安全、高效地工作提供服务

④ 管网中流动阻力之和等于动力之和，等等。

（2）不同点：① 不同管网构造和主要装置不同；

② 不同管网中介质的流速和流态不同；

③ 不同管网的动力装置可能不同；

④ 不同管网中水力计算的具体要求和方法可能不同，等等。

1-5　比较开式管网与闭式管网、枝状管网与环状管网的不同点。

答：开式管网：管网内流动的流体介质直接与大气相接触，开式液体管网水泵需要克服高度引起的静水压头，耗能较多。开式液体管网内因与大气直接接触，氧化腐蚀现象比闭式管网严重。

闭式管网：管网内流动的流体介质不直接与大气相通，闭式液体管网水泵一般不需要考虑高度引起的静水压头，比同规模的开式管网耗能少。闭式液体管网内因与大气隔离，腐蚀性主要是结垢，氧化腐蚀比开式管网轻微。

枝状管网：管网内任意管段内流体介质的流向都是唯一确定的；管网结构比较简单，初投资比较节省；但管网某处发生故障而停运检修时，该点以后所有用户都将因停运而受影响。

环状管网：管网某管段内流体介质的流向不确定，可能根据实际工况发生改变；管网结构比较复杂，初投资较节枝状管网大；但当管网某处发生故障停运检修时，该点以后用户可通过另一方向供应流体，因而事故影响范围小，管网可靠性比枝状管网高。

1-6　按以下方面对建筑环境与设备工程领域的流体输配管网进行分类。对每种类型的管网，给出一个在工程中应用的实例。

（1）管内流动的介质；

（2）动力的性质；

（3）管内流体与管外环境的关系；

（4）管道中流体流动方向的确定性；

（5）上下级管网之间的水力相关性。

答：流体输配管网分类如表 1-3 所示。

流体输配管网分类表　　**表 1-3**

问题编号	类型及工程应用例子
（1）按流体介质	气体输配管网：如燃气输配管网 液体输配管网：如空调冷热水输配管网 气-液两相流管网：如蒸汽采暖管网 液-气两相流管网：如建筑排水管网 气-固两相流管网：如气力输送管网
（2）按动力性质	重力循环管网：自然通风系统、重力循环热水采暖系统 机械循环管网：机械通风系统、空调冷热水输配管网
（3）按管内流体与管外环境的关系	开式管网：建筑排水管网 闭式管网：热水采暖管网
（4）按管内流体流向的确定性	枝状管网：空调送风管网 环状管网：城市中压燃气环状管网
（5）按上下级管网的水力相关性	直接连接管网：直接采用城市区域锅炉房的热水采暖管网，如教材图 1-3-4 中 *a*、*b*、*d*、*e*、*f* 所示 间接连接管网：采用换热器加热热水的采暖管网，如教材图 1-3-4 中 *c*、*g*、*h* 所示

第2章　气体管流水力特征与水力计算

学习要点：

2.1　气体管流水力特征

（1）理解静压、动压、位压（热压）等概念，掌握气体重力流水力特征；气体重力流能量方程的物理意义是位压提供进出口间的流动损失和出口动压；气体重力流在U形流、环形流等情况下的流向判断取决与管内气体密度分布——密度大者下沉、密度小者上浮。

（2）气体压力流下游断面静压与上游断面静压有三种数量关系（减少、增加、相等），该关系在均匀送风设计、静压复得法中得到应用。

（3）压力流与重力流综合作用下气体管流的水力特征

重力作用与压力作用方向是否相同决定重力作用和压力作用是相互加强还是相互削弱。当二者方向相同时，重力作用成为流动的动力，反之则成为流动阻力。

2.2　流体输配管网水力计算的基本原理和方法

（1）水力计算的基本原理包括一元流动质量连续性方程、流动能量方程，即：

串联：$$G_1=G_2=\cdots=G_i=G_{串}$$

并联：$$G_1+G_2+\cdots+G_i=G_{并}$$

$$(P_{q1}-P_{q2})+g(\rho_a-\rho)(H_2-H_1)=\Delta P_{1-2}$$

$$P_{动}=\sum\Delta P_i \qquad \Delta P=\Delta P_y+\Delta p_j$$

（2）理解摩擦阻力 ΔP_y 的计算公式，掌握影响摩擦阻力的因素（管道材料、断面尺寸、流体流速、密度、热物性等参数）。摩擦阻力系数 λ 是计算摩擦阻力的关键参数，λ 与管内流体流态紧密相关，实际使用中有不同的经验公式用以确定 λ 的值。流体输配管网水力计算时，常采用查图表的方法确定比摩阻 R_m，根据 $\Delta P_y=R_m\cdot l$ 的方法计算摩擦阻力。

查取 R_m 时注意正确的方法，对于矩形管道先折算当量直径，再按照流速当量直径与流速、流量当量直径与流量分别对应的原则查图确定 R_m。注意实际条件与图表制作条件不同时 R_m 应修正。

（3）局部阻力 $\Delta P_j=\zeta\frac{\rho v^2}{2}$。其中局部阻力系数通常由实验测定方法求得。实际使用时查各种局部阻力手册，确定合适的局部阻力系数，如附录1是通风空调管网常见局部阻力系数。要注意所查取的局部阻力资料中确定 ζ 时所采用的流速，在计算 ΔP_j 时的流速应与之对应。

（4）通过枝状通风空调管网的水力计算和均匀送风管网设计的例题，重点掌握假定流速法、静压复得法的水力计算步骤及方法，通过课后习题练习 R_m 和 ζ 的确定方法。

2.3 气体输配管网水力计算

（1）掌握并联管路阻力平衡的意义和方法。

1）当并联管路的资用动力相等时，则并联管路的流动阻力相等。注意并联管路的资用动力不相等时，该结论不成立。通常并联管路在水力计算时其阻力并不相等而是有一定的差额，而并联管路实际运行时会自动调整以实现并联管路的阻力平衡，这就会造成并联管路内的实际流量与设计流量的不一致。为了控制这种由于阻力不平衡造成的流量偏差，工程上要求并联管路阻力差额不超过15%，含尘风管不超过10%。这种控制并联管路阻力差额不超过限定值的过程可称为并联管路的阻力平衡（或称平衡阻力过程），而两并联管路阻力满足阻力平衡要求时则称为阻力平衡状态。

2）阻力平衡常采用的方法是调整并联支管管径和调节阀门。支管管径通常先调非最不利环路上的支管，阀门通常加设在阻力较小的并联支管上。

3）阻力不平衡率Δ指并联管段中非最不利环路上的并联管段的实际阻力与所要求的阻力的相对差额（%）。枝状管网阻力平衡计算中通常将最不利环路所在管段的阻力作为Δ的比较参考。

（2）掌握均匀送风管道设计的理论基础和方法。实际应用中通常均匀送风采用各送风口相同、送风口静压相等的方式实现。各送风口静压相等要求各相邻风口之间的流动总阻力等于动压的减少量。

（3）掌握中、低压燃气管网水力计算的方法和步骤。燃气管网水力计算时流量注意考虑同时使用系数的影响。此外，由于燃气输配管网内外燃气和空气密度差形成位压，燃气管网水力计算还必须考虑附加压头的存在。其最不利环路的选择和通风空调管网不同（燃气管网最不利环路通常是在燃气向下流动的环路中而非最远环路）。燃气管网不需要进行阻力平衡计算，但需要校核管网最大阻力是否超过允许值，因为低压燃气用户引入管进调压箱后出口的压力通常不高，管网阻力过大则燃气用具处压力不足，影响使用。

习题精解：

2-1 某工程中的空调送风管网，在计算时可否忽略位压的作用？为什么？（提示：估计位压作用的大小，与阻力损失进行比较。）

答：民用建筑空调送风温度可取在15～35℃（夏季～冬季）之间，室内温度可取在25～20℃（夏季～冬季）之间。取20℃空气密度为1.204kg/m³，可求得各温度下空气的密度分别为：

$$15℃：\rho_{15}=\frac{273.15+20}{273.15+15}\times1.204=1.225\text{kg/m}^3$$

$$35℃：\rho_{35}=\frac{273.15+20}{273.15+35}\times1.204=1.145\text{kg/m}^3$$

$$25℃：\rho_{25}=\frac{273.15+20}{273.15+25}\times1.204=1.184\text{kg/m}^3$$

因此：

夏季空调送风与室内空气的密度差为：1.225－1.184＝0.041kg/m³；

冬季空调送风与室内空气的密度差为：1.204－1.145＝0.059kg/m³。

空调送风管网送风高差通常为楼层层高，可取 H＝3m，g＝9.807N/（m·s²），则

夏季空调送风位压为：9.807×0.041×3＝1.2Pa；

冬季空调送风位压为：9.807×0.059×3＝1.7Pa。

空调送风系统末端风口的阻力通常为 15～25Pa，整个空调送风系统总阻力通常也在 100～300Pa 之间。可见送风位压的作用与系统阻力相比是完全可以忽略的。

但是有的空调系统送风集中处理，送风高差不是楼层高度，而是整个建筑高度，此时 H 可达 50m 以上，这种情况下送风位压应该考虑。

2-2　图 2-1 是某地下工程中设备的布置情况，热表示设备为散热物体，冷表示设备为常温物体。为什么散热设备的热量和地下室内污浊气体不能较好地散出地下室？如何改进以利于地下室的散热和污浊气体的消除？

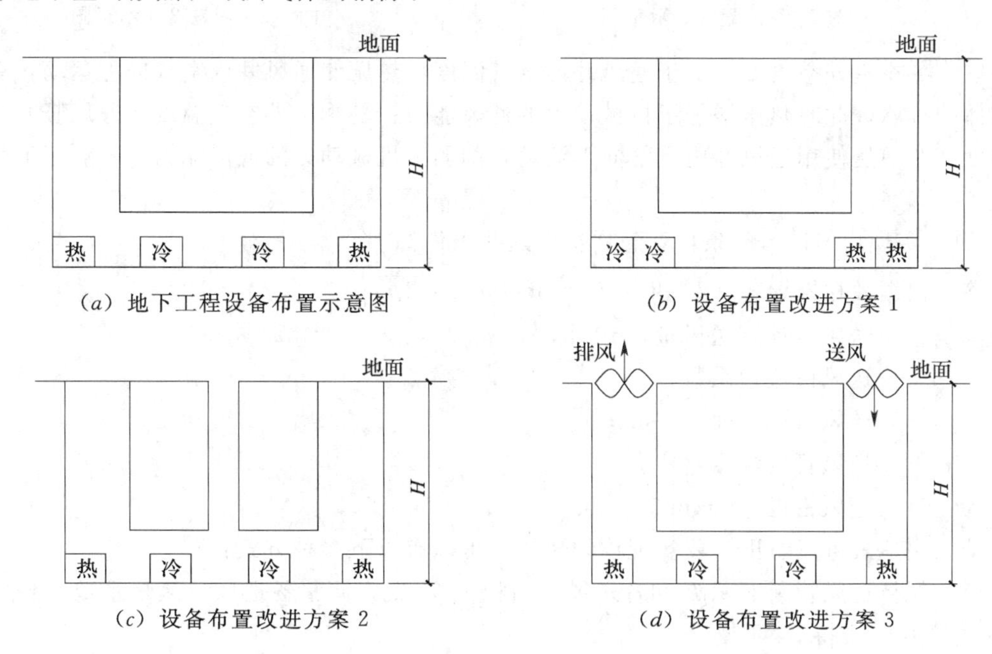

图 2-1　某地下工程设备布置

答：该图可视为一 U 形管模型。因为两侧竖井内空气温度都受热源影响，密度差很小，不能很好地依靠位压形成流动，散热设备的热量和污浊气体也不易排出地下室。改进的方法有多种：(1) 将冷、热设备分别放置于两端竖井旁，使竖井内空气形成较明显的密度差，如图 2-1 (*b*) 所示；(2) 在原冷物体间再另掘一通风竖井，如图 2-1 (*c*) 所示；(3) 在不改变原设备位置和不另增竖井的前提下，采用机械通风方式，强制竖井内空气流动，带走地下室内余热和污浊气体，如图 2-1 (*d*) 所示。

2-3　图 2-2 中居室内为什么冬季白天感觉较舒适而夜间感觉不舒适？

答：白天太阳辐射使阳台区空气温度上升，致使阳台区空气密度比居室内空气密度小，因此空气从上通风口流入居室内，从下通风口流出居室，形成顺时针方向循环流动。提高了居室内温度，床处于回风区附近，风速不明显，感觉舒适；夜晚阳台区温度低于居室内温度，空气反向流动，冷空气从下通风口流入，上通风口流出，床位于送风区，床上

的人有比较明显的吹冷风感，因此感觉不舒适。

2-4　图 2-3 是某高层建筑卫生间通风示意图。试分析冬夏季机械动力和热压之间的作用关系。

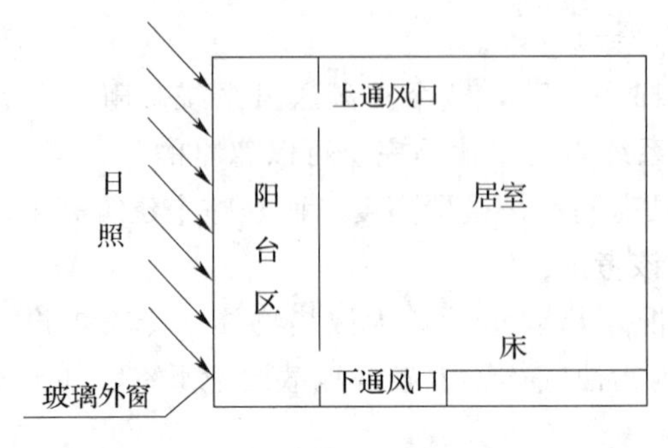

图 2-2　习题 2-3 示意图

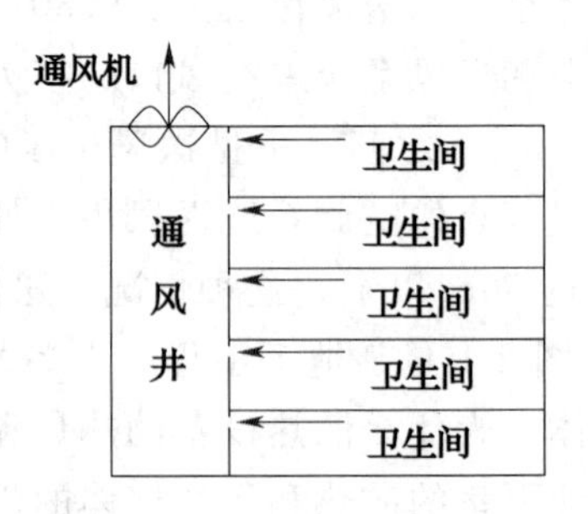

图 2-3　习题 2-4 示意图

答：冬季室外空气温度低于通风井内空气温度，热压使通风井内空气向上运动，有利于气体的排除，此时热压增加了机械动力的通风能力；夏季室外空气温度比通风竖井内空气温度高，热压使用通风井内空气向下流动，削弱了机械动力的通风能力，不利于卫生间排气。

2-5　简述实现均匀送风的条件，怎样实现这些条件？

答：根据教材推导式（2-3-21）$L_0=3600\mu f_0\sqrt{2p_j/\rho}$

式中　L_0——送风口计算送风量，m^3/h；

μ——送风口流量系数；

f_0——送风口孔口面积，m^2；

p_j——送风管内静压，Pa；

ρ——送风密度，kg/m^3。

从该表达式可以看出，要实现均匀送风，可以有以下多种方式：

（1）保持送风管断面积 F 和各送风口面积 f_0 不变，调整各送风口流量系数 μ 使之适应 p_j 的变化，维持 L_0 不变；

（2）保持送风各送风口面积 f_0 和各送风口流量系数 μ 不变，调整送风管的面积 F，使管内静压 p_j 基本不变，维持 L_0 不变；

（3）保持送风管的面积 F 和各送风口流量系数 μ 不变，根据管内静压 p_j 的变化，调整各送风口孔口面积 f_0，维持 L_0 不变；

（4）增大送风管面积 F，使管内静压 p_j 增大，同时减小送风口孔口面积 f_0，二者的综合效果是维持 L_0 不变。

实际应用中，要实现均匀送风，通常采用第（2）种方式，既保持了各送风口的同一规格和形式（有利于美观和调节），又可以节省送风管的耗材。此时实现均匀送风的条件就是保证各送风口面积 f_0、送风口流量系数 μ、送风口处管内静压 p_j 均相等。要实现这些条件，除了满足采用同种规格的送风口以外，在送风管的设计上还需要满足一定的数量关系，即任意两送风口之间动压的减少等于它们之间的流动阻力，此时两送风口出管内静压 p_j 相等。

2-6　流体输配管网水力计算的目的是什么？

答：水力计算的目的包括设计和校核两类。首先根据要求的流量分配，计算确定管网各管段管径（或断面尺寸）、确定各管段阻力、求得管网特性曲线，为匹配管网动力设备准备好条件。进而选定动力设备（风机、水泵等）的型号（设计计算）；或者是根据已定的动力设备，确定保证流量分配要求的管网尺寸规格（校核计算）；或者是根据已定的动力情况和已定的管网尺寸，校核各管段流量是否满足需要的流量要求（校核计算）。

2-7　水力计算过程中，为什么要对并联管路进行阻力平衡？怎样进行？“所有管网的并联管路阻力都应相等”这种说法对吗？

答：流体输配管网对所输送的流体在数量上要满足一定的流量分配要求。管网中并联管段在资用动力相等时，流动阻力也必然相等。为了保证各管段达到设计预期要求的流量，水力计算中应使并联管段的计算阻力尽量相等，不能超过一定的偏差范围。如果并联管段计算阻力相差太大，管网实际运行时并联管段会自动平衡阻力，此时并联管段的实际流量偏离设计流量很大，管网达不到设计要求。因此，要对并联管路进行阻力平衡。

对并联管路进行阻力平衡，当采用假定流速法进行水力计算时，在完成最不利环路的水力计算后，再对各并联支路进行水力计算，其计算阻力和最不利环路上的资用压力进行比较。当计算阻力差超过要求值时，通常采用调整并联支路管径或在并联支路上增设调节阀的办法调整支路阻力，很少采用调整主干路（最不利环路）阻力的方法，因为主干路影响管段比支路要多。并联管路的阻力平衡也可以采用压损平均法进行：根据最不利环路上的资用压力，确定各并联支路的比摩阻，再根据该比摩阻和要求的流量，确定各并联支路的管段尺寸，这样计算出的各并联支路的阻力和各自的资用压力基本相等，达到并联管路的阻力平衡要求。

“所有管网的并联管路阻力都应相等”这种说法不对。在考虑重力作用和机械动力同时作用的管网中，两并联管路的流动资用压力可能由于重力重用而不等，而并联管段各自流动阻力等于其资用压力，这种情况下并联管路阻力不相等，其差值为重力作用在该并联管路上的作用差。

2-8　水力计算的基本原理是什么？流体输配管网水力计算大都利用各种图表进行，这些图表为什么不统一？

答：水力计算的基本原理是流体一元流动连续性方程和能量方程，以及管段串联、并联的流动规律。流动动力（机械动力＋重力作用动力）等于管网总阻力（沿程阻力＋局部阻力）、若干管段串联的总阻力等于各串联管段阻力之和，并联管段阻力相等。用公式表示即：

串联管段：$G_1=G_2=\cdots=G_i$　　$\Delta p_1+\Delta p_2=\Delta p_{1-2}$

并联管段：$G_1+G_2+\cdots+G_i=G$　　$\Delta p_1=\Delta p_2$

流动能量方程：$(P_{q1}-P_{q2})+g(\rho_a-\rho)(H_2-H_1)=\Delta P_{1-2}$

流动动力等于管网总阻力：$P_{动}=\sum\Delta p_i$

管网总阻力＝沿程阻力＋局部阻力：$\Delta p=\Delta p_y+\Delta p_j$

流体输配管网水力计算大都利用各种图表进行，这些图表不统一的原因是各类流体输配管网内流动介质不同、管网采用的材料不同、管网运行时介质的流态也不同。而流动阻力（尤其是沿程阻力）根据流态不同可能采用不同的计算公式。这就造成了水力计算时不能采用统一的计算公式。各种水力计算的图表是为了方便计算，减少烦琐、重复的计算工作，将各水力计算公式图表化，便于查取数据，由于各类流体输配管网水力计算公式的不统一，故各水力计算图表也不能统一。

2-9　比较假定流速法、压损平均法和静压复得法的特点和适用情况。

答：假定流速法的特点是先根据合理的技术经济要求，预先假定适当的管内流速；再结合各管段输送的流量，确定管段尺寸规格；通常将所选的管段尺寸按照管道统一规格选用后，再结合流量反算管段内实际流速；根据实际流速（或流量）和管段尺寸，可以计算各管段实际流动阻力，进而可确定管网特性曲线，选定与管网相匹配的动力设备。假定流速法适用于管网的设计计算，通常已知管网流量分配而管网尺寸和动力设备未知的情况。

压损平均法的特点是根据管网（管段）已知的作用压力（资用压力），按所计算的管段长度，将该资用压力平均分配到计算管段上，得到单位管长的压力损失（平均比压降）；再根据摩擦阻力在总阻力中占的百分比确定平均比摩阻，根据各管段的流量和平均比摩阻确定各管段的管道尺寸。压损平均法可用于并联支路的阻力平衡计算，容易使并联管路满足阻力平衡要求。也可用于校核计算，当管道系统的动力设备型号和管段尺寸已经确定时，根据平均比摩阻和管段尺寸校核管段是否满足流量要求。压损平均法也常常应用于环状管网水力计算中。

静压复得法的特点是通过改变管段断面规格，通常是降低管内流速，使管内流动动压减少而静压维持不变，动压的减少用于克服流动的阻力。静压复得法通常用于均匀送风系统的设计计算中。

2-10　为何天然气管网水力计算不强调并联支路阻力平衡？

答：天然气管网水力计算不强调并联支路阻力平衡，可以从以下方面加以说明：

（1）天然气末端用气设备如燃气灶、热水器等阻力较大，而燃气输配管道阻力相对较小，因此各并联支路阻力相差不大，平衡性较好；

（2）天然气管网一般采用下供式，最不利环路通常是经过最底层的环路。由于附加压头的存在，通常只要保证最不利环路的供气，则上层并联支路也有足够的供气压力；

（3）各并联支路在燃气的使用时间上并非同时使用，并且使用时也并非都在额定流量工况下使用，其流量可以通过用户末端的旋塞、阀门等调节装置根据需要调节。即使设计工况下进行阻力平衡计算，对管网实际运行也无多大意义。

2-11　如图 2-4 所示管网，输送含谷物粉尘的空气，常温下运行，对该管网进行水力计算，获得管网特性曲线方程。

答：

（1）对各管段进行编号，标出管段长度和各排风点的排风量。

（2）选择最不利环路，本题确定 1—3—5—除尘器—6—风机—7 为最不利环路。

（3）根据教材表 2-3-3，输送含有谷物粉尘的空气时，风管内最小风速为垂直风管 10m/s，水平风管 12m/s，考虑到除尘器及风管漏网，取 5%的漏网系数，管段 6—7 的计算风量：$5500\times1.05=5775\text{m}^3/\text{s}=1.604\text{m}^3/\text{s}$。管段 1，有水平风管，确定流速 12m/s，$Q_1=1000\text{m}^3/\text{h}$（$0.28\text{m}^3/\text{s}$），选 $D_1=180\text{mm}$，实际流速 $v_1=11.4\text{m/s}$，查 $R_{m1}=9.0\text{Pa/m}$，$P_d=\rho V^2/2=1.2\times11.4^2/2=78.0\text{Pa}$。同理可查管段 3、5、6、7 的管径及比摩阻，并计算动压及摩擦阻力，结果见水力计算表。

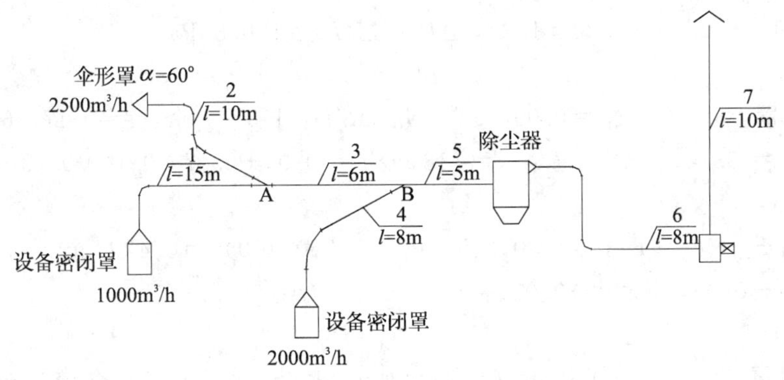

图 2-4　习题 2-11 示意图

（4）确定管断 2、4 的管径及单位长度摩擦力，结果见表 2-1。

水力计算表　　　　表 2-1

管段编号	流量 Q (m³/s)	长度 l (m)	管径 D (mm)	流速 v (m/s)	动压 P_d (Pa)	局部阻力系数 ξ	局部阻力 ΔP_j (Pa)	单位长度摩擦阻力 R_m (Pa/m)	摩擦阻力 $R_m \cdot l$ (Pa)	管段阻力 $R_m l+\Delta P_j$ (Pa)	备注
1	1000 (0.28)	15	180	11.4	78.0	1.37	106.86	9.0	135	241.9	—
3	3500 (0.972)	6	320	12.32	91.1	−0.05	−4.86	5.5	33	28.4	—
5	5500 (1.53)	5	400	12.36	91.7	0.6	55.02	4.2	21	76.0	—
6	5775 (1.604)	8	450	10.22	62.7	0.47	29.47	2.0	16	45.5	—
7	5775 (1.604)	10	450	10.22	62.7	0.6	37.62	2.0	20	57.6	—
2	2500 (0.694)	10	300	10.0	60.0	0.58	34.8	3.8	38	72.8	不平衡
4	2000 (0.556)	8	260	10.7	68.7	1.41	96.87	4.8	38.4	135.3	不平衡
除尘器	—	—	—	—	—	—	—	—	—	1000	—
2	2500 (0.694)	10	240	—	—	—	—	—	—	196.3	不平衡
4	2000 (0.556)	8	220	—	—	—	—	—	—	284.3	平衡

（5）从暖通设计手册等资料查各管段的局部阻力系数。

1）管段 1

设备密闭罩 $\xi=1.0$，90°弯头（$R/D=1.5$）一个，$\xi=0.17$，直流三通，根据 $F_1+F_2=F_3$，$\alpha=30°$，$F_2/F_3=(300/320)^2=0.88$，$Q_2/Q_3=2500/3500=0.714$，查得 $\xi_{1,3}=$

0.20，$\sum\xi_1=1.0+0.17+0.20=1.37$，$\Delta P_j=\sum\xi P_d=106.86$Pa。

2）管段 2

圆形伞形罩，$\alpha=60°$，$\xi_{13}=0.09$，90°弯头（$R/D=1.5$）一个，$\xi=0.17$，60°弯头（$R/D=1.5$）1 个，$\xi=0.14$，合流三通 $\xi_{2,3}=0.18$，$\sum\xi_2=0.09+0.17+0.14+0.18=0.58$。

3）管段 3

直流三通 $F_3+F_4\approx F_5$，$\alpha=30°$，$F_4/F_5=(260/400)^2=0.423$，$Q_4/Q_5=2000/5500=0.36$，$\xi_{35}=-0.05$，$\sum\xi=-0.05$。

4）管段 4

设备密闭罩 $\xi=1.0$，90°弯头（$R/D=1.5$）1 个，$\xi=0.17$，合流三通 $\xi_{45}=0.24$，$\sum\xi=1.0+0.17+0.24=14.1$。

5）管段 5

除尘器进口变径管（断扩管），除尘器进口尺寸 300mm×800mm，变径管长度 $l=500$mm，$\tan\alpha=\frac{1}{2}\cdot\frac{800-400}{500}=0.4$，$\alpha=21.8°$，$\xi=0.60$，$\sum\xi=0.60$。

说明：除尘器出入口及风机出入口尺寸为参考尺寸，根据所选设备具体尺寸定。

6）管段 6

除尘器出口变径管（断缩管），除尘器出口尺寸 300mm×800mm，变径管长度 $l=400$m，$\tan\alpha=\frac{1}{2}\cdot\frac{800-450}{400}=0.44$，$\alpha=23.6°$，$\xi=0.1$，90°弯头（$R/D=1.5$）2 个，$\xi=2\times0.17=0.34$。

风机进口渐扩管，按要求的总风量和估计的管网总阻力先近似选出一台风机，风机进口直径 $D_1=500$mm，变径管长度 $l=300$mm。$F_5/F_6=(500/450)^2=1.23$，$\tan\alpha=\frac{1}{2}\times\frac{500-450}{300}=0.083$，$\alpha=4.8°$，$\xi=0.03$，$\sum\xi=0.1+0.34+0.03=0.47$。

7）管段 7

风机出口渐扩管，风机出口尺寸 410mm×315mm，$D_7=420$mm，$F_7/F_{出}=\pi D^2/(410\times315\times4)=1.07$，$\xi=0$。带扩散管的平形风帽（$h/D_0=0.5$），$\xi=0.60$，$\sum\xi=0.60$。

（6）计算各管段的沿程摩擦阻力和局部阻力，结果见水力计算表 2-1。

说明：各局部阻力系数由于查取资料的不同可能有差异。

（7）对并联管路进行阻力平衡。

1）汇合点 A，$\Delta P_1=241.9$Pa，$\Delta P_2=72.8$Pa，$\frac{\Delta P_1-\Delta P_2}{\Delta P_1}=\frac{241.9-72.8}{241.9}=70\%>10\%$

为使管段 1-2 达到阻力平衡，改变管段 2 的管径，增大其阻力。

$$D_2'=D_2\left(\frac{\Delta P_2}{\Delta P_2'}\right)^{0.225}=300\left(\frac{72.8}{241.9}\right)^{0.225}=229.0\text{mm}$$

根据通风管道流规格取 $D_2''=240$mm，其对应压力 $\Delta P_2''=72.8\left(\frac{300}{240}\right)^{\frac{1}{0.225}}=196.3$Pa

$\frac{\Delta P_1-\Delta P_2'}{\Delta P_1}=\frac{241.9-196.3}{241.9}=18.8\%>10\%$，仍不平衡，若取管径 $D_2''=220$mm，对

应阻力为 288.9Pa 更不平衡。因此决定取 $D_2=240$mm，在运行对再辅以阀门调节，以削除不平衡。

2）汇合点 B，$\Delta P_1+\Delta P_3=241.9+28.4=270.3$Pa，$\Delta P_4=135.3$Pa，

$$\frac{\Delta P_1+\Delta P_3-\Delta P_4}{\Delta P_1+\Delta P_3}=\frac{270.3-135.3}{270.3}=50\%>10\%$$

为使管段 3-4 达到阻力平衡，改变管段 4 的管径：$D_4'=260\left(\frac{135.3}{270.3}\right)^{0.225}=222.5$mm，

取 $D_4''=220$mm，$\Delta P_4''=135.3\left(\frac{260}{220}\right)^{0.225}=284.3$Pa

$$\frac{|\Delta P_1+\Delta P_3-\Delta P_4''|}{\Delta P_1+\Delta P_3}=\frac{284.3-270.3}{270.3}=5\%<10\%$$，管段 3-4 平衡。

（8）计算系统的总阻力，获得管网扬程曲线。

$$\sum P=\sum(R_m l+\Delta P_j)=241.9+28.4+76.0+45.5+57.6+1000=1449.4\text{Pa}$$

$$S=\sum\Delta P/Q_2=1450/1.604^2=5633.6\text{kg/m}^7$$

管网特性曲线为 $\Delta P=563.6Q^2$　　Pa

2-12　试作如图 2-5 所示室内天然气管道水力计算，每户额定用气量 1.0Nm³/h，用气设备为双眼燃气灶。

答：

（1）确定计算流量

画出管道系统图，在系统图上对计算管段进行编号，凡管径变化或流量变化处均编号。第 j 管段计算流量用下式计算：

$$L_j=k\sum L_iN_i$$

式中　L_j——j 管段计处流量，Nm³/h；

K——燃具的同时工作系数；

L_i——第 i 种燃气具的额定流量，Nm³/h；

N_i——管道负担的 i 种燃具数目。

计算结果列于表 2-2。

（2）确定各管段的长度 L_j，标在图上。

（3）根据计算流量，初步确定管径，并标于系统图上。

（4）算出各管段的局部阻力系数，求出其当量长度，即可得管段的计算长度。

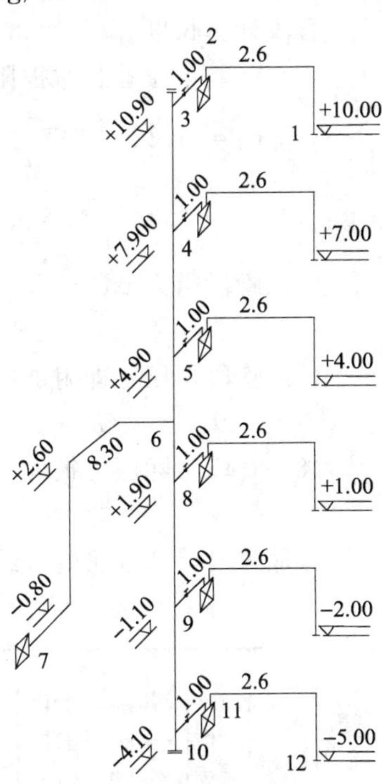

图 2-5　习题 2-12 示意图

流量计算表　　　　**表 2-2**

管段号	1～2	2～3	3～4	4～5	5～6	6～7	10～9	9～8	8～6	11～10	12～11
燃具数 N	1	1	1	2	3	6	1	2	3	1	1
额定流量 $\sum L_iN_i$（Nm³/h）	1	1	1	2	3	6	1	2	3	1	1
同时工作系数 K	1	1	1	1.0	0.85	0.64	1	1.0	0.85	1	1
计算流量 L_j（Nm³/h）	1	1	1	2	2.55	3.84	1	2	2.55	1	1

管段 1～2 个

直角弯头 3 个　　　$\xi=2.2$

旋塞 1 个　　　$\xi=4$

$$\sum\xi=2.2\times3+4\times1=10.6$$

计算雷诺数 Re

$$\mathrm{Re}=\frac{dv}{\upsilon}=\frac{15.75\times10^{-3}\times1/3600}{14.3\times10^{-6}\times\dfrac{\pi\times15.75^2\times10^{-6}}{4}}=1621.3$$

计算摩擦阻力系数 λ

$$\lambda=\frac{64}{\mathrm{Re}}=0.0395$$

$\sum\xi$ 当量长度 l_2

$$l_2=\sum\xi\frac{d}{\lambda}=10.6\times\frac{15.75\times10^{-3}}{0.0395}=4.2\mathrm{m}$$

管段计算长度　$l_{1\sim2}=2.6+4.2=6.8\mathrm{m}$

(5) 计算单位管长摩擦阻力

$$R_{\mathrm{m}}=1.13\times10^{10}\frac{L}{d^4}\upsilon\rho\frac{T}{T_0}$$

$$=1.13\times10^{10}\times\frac{1}{15.75^4}\times14.3\times10^{-6}\times0.73\times\frac{273+15}{273}=2.6\mathrm{Pa/m}$$

(6) 管段阻力 ΔP

$$\Delta P=R_{\mathrm{m}}\cdot l_{1\sim2}=2.6\times6.8=17.7\mathrm{Pa}$$

(7) 管段位压，即附加压头按式 (2-1-1)

$$\Delta h_{\mathrm{H}}=g(\rho_{\mathrm{a}}-\rho)(H_2-H_1)=9.8(1.2-0.73)(-0.9)=-4.1\mathrm{Pa}$$

(8) 管段实际压力损失

$$\Delta P-\Delta h_{\mathrm{H}}=17.7-(-4.1)=21.8\mathrm{Pa}$$

其他管段计算方法同，结果列于燃气管道水力计算表 2-3。

燃气管道水力计算表　　　**表 2-3**

管段号	额定流量 ($\mathrm{Nm^3/h}$)	同时工作系数	计算流量 ($\mathrm{Nm^3/h}$)	管段长度 l_1(m)	管径 d(mm)	局部阻力系数 $\sum\xi$	当量长度 l_2(m)	计算长度 l(m)	比摩阻 R_{m} (Pa/m)	ΔP (Pa)	管段终始端高差 ΔH (m)	附加压头 Δh (Pa)	管段实际压力损失 (Pa)	管段局部阻力系数计算及其他说明
1—2	1	1	1	2.6	15	10.6	4.2	6.8	2.6	17.7	−0.9	−4.1	21.8	90°弯头 $\xi=3\times2.2=6.6$ 旋塞 $\xi=4$
2—3	1	1	1	1	20	8.4	1.9	2.9	0.66	1.91	0	0	1.91	90°弯头 $\xi=2\times2.2=4.4$ 旋塞 $\xi=4$

续表

管段号	额定流量(Nm^3/h)	同时工作系数	计算流量(Nm^3/h)	管段长度l_1(m)	管径d(mm)	局部阻力系数$\sum\xi$	当量长度l_2(m)	计算长度l(m)	比摩阻R_m(Pa/m)	ΔP(Pa)	管段终始端高差ΔH(m)	附加压头Δh(Pa)	管段实际压力损失(Pa)	管段局部阻力系数计算及其他说明
3—4	1	1	1	3	25	1	0.22	3.2	0.24	0.77	3	21.8	−21	直流三通 $\xi=1$
4—5	2	1	2	3	25	1	0.4	3.4	0.48	1.63	3	21.8	−20.2	直流三通 $\xi=1$
5—6	3	0.85	2.55	1.5	25	1.5	0.84	2.34	0.61	1.43	1.5	10.9	−9.47	分流三通 $\xi=1.5$
6—8	4	0.77	3.08	1.5	25	1.5	1.02	2.52	0.74	1.86	1.5	10.9	−9.04	分流三通 $\xi=1.5$
8—9	5	0.68	3.4	3	25	1	0.75	3.75	0.82	3.08	3	21.8	−18.7	直流三通 $\xi=1$
9—10	6	0.65	3.9	3	25	1	0.89	3.89	0.94	3.66	3	21.8	−18.1	直流三通 $\xi=1$
12—11	1	1	1	2.6	15	6.6	1.5	4.1	2.21	9.06	−0.9	−6.5	15.6	90°弯头 $\xi=3\times2.2=6.6$
11—10	1	1	1	1	20	8.4	1.9	2.9	0.66	1.91	0	0	1.91	90°直角弯头 $\xi=2\times2.2=4.4$ 旋塞 $\xi=4$
7—6	1	1	1	8.3	25	6.6	1.45	9.75	0.24	2.34	−3.4	−24.7	27.0	90°弯头 $\xi=3\times2.2=6.6$

管段 1～2～3～4～5～6～8～9～10 总压降 $\Delta P=-79.07$Pa

管段 7～6～8～9～10 总压降 $\Delta P=-18.86$Pa

管段 12～11～10 总压降 $\Delta P=17.47$Pa

检验：低压天然气管道允许阻力为 350Pa，该系统中阻力小于 350Pa，满足要求。

2-13　如图 2-6 所示建筑，每层都需供应燃气。试分析燃气管道的最不利环路及水力计算的关键问题。

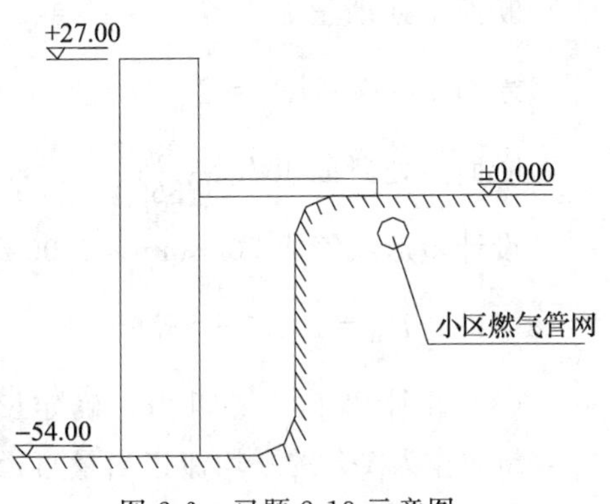

图 2-6　习题 2-13 示意图

答：最不利环路是从小区燃气干管引入至最底层（－54.00m）用户的向下环路。水力计算关键是要保证最不利环路的供气能力和上部楼层的用气安全，确保燃气有充分的压力克服最不利环路的阻力和燃气用具出口压力，同时保证上层环路由于附加压头的升高，燃气压力不超过设备承压以致泄漏。由于楼层较多，附加压头作用明显，为保证高峰负荷时各层的用气，水力计算应适当考虑环路的阻力平衡问题。

2-14 某大型电站地下主厂房发电机层（见图 2-7）需在拱顶内设置两根相同的矩形送风管进行均匀送风，送风温度 20℃。试设计这两根风管。设计条件：总送风量 $60\times10^4m^3/h$，每根风管风口 15 个，风口风速 8m/s，风口间距 16.5m。

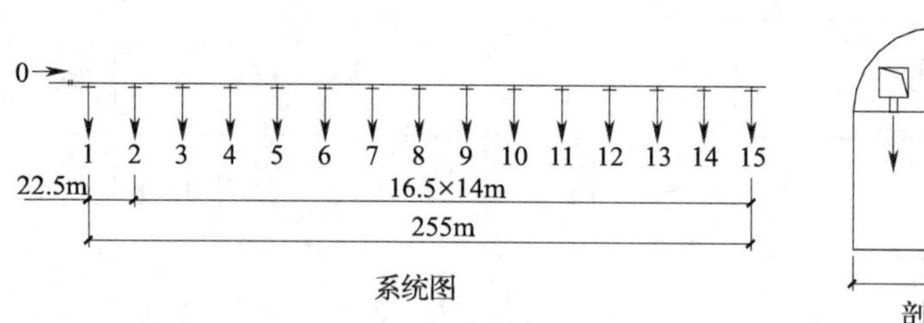

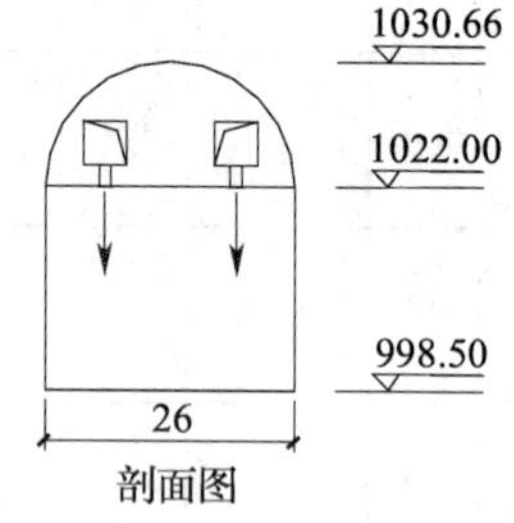

图 2-7 习题 2-14 示意图

解：(1) 总风量为：$60\times10^4m^3/h$

则每个风口风量 $L_0=\dfrac{60\times10^4}{2\times15}=2\times10^4m^3/h$

侧孔面积 $f_0=\dfrac{L_0}{v\times3600}=\dfrac{2\times10^4}{8\times3600}=0.694m^2$

侧孔静压流速 $v_j=\dfrac{v_0}{\mu}=\dfrac{8.0}{6.0}=13.3$（流量系数取 0.6）

侧孔处静压 $P_j=\dfrac{\rho}{2}v_j^2=\dfrac{1.2}{2}\times13.3^2=106.1Pa$

(2) 按$\dfrac{v_j}{v_d}\geqslant1.73$的原则，求出第一侧孔前管道断面积与假定断面 1 处管内空气流速。

取 $V_{d_1}=7m/s$ 则$\dfrac{v_{j1}}{v_{d1}}=\dfrac{13.3}{7}=1.9>1.73\arctan1.9=62°$ 出流角 $\alpha=62°$

断面 1 处动压 $P_{d1}=\dfrac{7^2\times1.2}{2}=29.4Pa$

断面 1 处全压 $P_{q1}=P_{j1}+P_{d1}=106.1+29.4=135.5Pa$

断面 1 处断面积 $F_1=\dfrac{30\times10^4}{3600\cdot7}=11.9m^2$

设计矩形风管成 5000mm×2400mm 的规格，实际 $F_1=12m^2$，实际 $v_1=6.9m/s$，$P_{d1}=28.6Pa$，$P_{q1}=106.1+28.6=134.7$，$D_{v1}=\dfrac{2ab}{a+b}=\dfrac{2\times5\times2.4}{5+2.4}=3.24m$。

(3) 计算侧孔 1-2 阻力，确定 2-3 管道规格，风量 $28\times10^4m^3/h$，近似取 $D_{v1}=3240mm$ 作为 1-2 的平均流速当量直径，则 $V_{12}=6.48m/s$。

查表 $R_m=0.12Pa/m$，$\Delta P_y=0.12\times22.5=2.7Pa$，局部阻力（忽略变径管阻力），侧

孔出流 $\xi=0.083$，$\left(\frac{L_0}{L}=\frac{1}{15}=0.06\right)$，$\Delta P_{12}=2.7+0.083\times\frac{\rho}{2}\cdot 6.48^2=4.8\text{Pa}$。

∴断面 2 处全压 $P_{q2}=134.7-4.8=129.9\text{Pa}$　断面 2 处动压 $P_{d2}=129.9-106.1=23.8\text{Pa}$

实际 $v_2=\sqrt{\frac{P_{d2}}{\frac{\rho}{2}}}=\sqrt{\frac{23.8}{0.6}}=6.3\text{m/s}$，$F_2=\frac{28\times10^4}{6.3\times3600}=12.3\text{m}^2$ 与 $F_1=12\text{m}^2$ 相差不大，可近似取 F_2 与 F_1 相同管道规格，即 2-3 仍取 5000mm×2400mm。

(4) 计算 2-3 阻力，确定 3-4 规格，风量 $26\times10^4\text{m}^3/\text{h}$，$D_v=3240\text{mm}$，$v=\frac{26\times10^4}{12\cdot3600}=6.0\text{m/s}$，查表 $R_m=0.05\text{Pa/m}$，$\Delta P_y=16.5\times0.05=0.83\text{Pa}$。

局部阻力：侧孔出流$\frac{L_0}{L}=\frac{1}{14}=0.071$，$\xi=0.08$，考虑管道变径，取 $\xi=0.1$。

$\therefore \Delta P_j=\sum\xi\cdot P_d=(0.1+0.08)\frac{1.2}{2}\times6^2=3.89\text{Pa}$

$$\Delta P_{2-3}=(\Delta P_y+\Delta P_j)_{2-3}=0.83+3.89=4.72\text{Pa}$$

$\therefore P_{d3}=P_{d2}-\Delta P_{2-3}=23.8-4.72=19.08\text{Pa}$

$\therefore v_3=\sqrt{\frac{P_{d3}}{0.6}}=5.64\text{m/s}$　$F_3=\frac{26\times10^4}{3600\cdot5.64}=12.80\text{m}^2$ 与 F_1 相差不大，F_3 处不用变径 $\Delta P_{j2-3}=\sum\xi\cdot P_d=0.08\cdot\frac{1.2}{2}\cdot6^2=1.73\text{Pa}$

$$\Delta P_{2-3}=0.83+1.73=2.56\text{Pa}$$

$\therefore P'_{d3}=23.8-2.56=21.24\text{Pa}$　$v'_3=5.95\text{m/s}$　$F'_3=\frac{26\times10^4}{3600\cdot5.95}=12.14\text{m}^2$

仍取管段 3-4 规格为 5000mm×2400mm。

(5) 计算 3-4 阻力，确定 4-5 管道规格，风量 $24\times10^4\text{m}^3/\text{h}$，$D_v=3240\text{mm}$，$v=\frac{24\times10^4}{3600\cdot12}=5.56\text{m/s}$，查表 $R_m=0.04\text{Pa/m}$，$\Delta P_y=0.04\times16.5=0.66\text{Pa}$。

局部阻力：侧孔出流$\frac{L_0}{L}=\frac{1}{13}=0.077$，$\xi=0.08$，假定有变径管 $\xi=0.1$。

$\therefore \sum\xi=0.18$　　$\Delta P_j=0.18\times\frac{1.2}{2}\times5.56^2=3.34\text{Pa}$

$\therefore \Delta P_{3-4}=3.34+0.66=4.0\text{Pa}$

$\therefore P_{d4}=P_{d3}-\Delta P_{3-4}=21.24-4.0=17.24\text{Pa}$　$v_4=\sqrt{\frac{17.24}{0.6}}=5.36\text{m/s}$

$F_4=\frac{24\times10^4}{3600\cdot5.36}=12.44\text{m}^2$ 与 F_3 相差不大，不需要变径

$\Delta P'_{j3-4}=0.08\times\frac{1.2}{2}\times5.36^2=1.38\text{Pa}$　$\therefore \Delta P'_{3-4}=0.66+1.38=2.04\text{Pa}$

$\therefore P'_{d4}=21.24-2.04=19.2\text{Pa}$　$v'_4=\sqrt{\frac{19.2}{0.6}}=5.66\text{m/s}$

$F_4'=\dfrac{24\times10^4}{3600\cdot5.66}=11.78\text{m}^2$，仍取 4-5 管道规格为 5000mm×2400mm。

（6）计算 4-5 阻力，确定 5-6 管道规格，风量 $22\times10^4\text{m}^3/\text{h}$，$D_v=3240\text{mm}$

$v=\dfrac{22\times10^4}{3600\cdot12}=5.09\text{m/s}$，查表 $R_m=0.02\text{Pa/m}$，$\Delta P_y=16.5\times0.02=0.33\text{Pa}$

从以上述计算可以看出，由于送风管内初始动压取得较低，虽然阻力不大，但风管后部动压较低，造成风管内流速过低，风管断面过大，浪费材料和安装空间。为此提高初始动压，为保证送风出流角要求，可以在送风口处安装导流叶片，用以调整送风气流方向，取 $v_0=15\text{m/s}$ 重新计算如下：

（0）管段 0-1

风量 $L=30\times10^4\text{m}^3/\text{h}$，$v_d=15\text{m/s}$，$F=5.556\text{m}^2$，设成正方形管，边长 $a=2357\text{mm}$，取 2350mm，$P_d=136.6\text{Pa}$。

（1）管段 1-2

风量 $L=28\times10^4\text{m}^3/\text{h}$，$v_d$ 取 15m/s，$F=5.185\text{m}^2$，$a=2277\text{mm}$，取 $a=2270\text{mm}$，$v_{实}=15.09\text{m/s}$，

查得 $R_m=0.7\text{Pa/m}$，$\xi=0.083$，$\Delta P_y=22.5\times0.7=15.75\text{Pa}$，$\Delta P_j=11.34\text{Pa}$，

$P_{d,2}=136.6-15.75-11.34=109.5\text{Pa}$

（2）管段 2-3

$L=26\times10^4\text{m}^3/\text{h}$，$v_d=13.51\text{m/s}$，$F=5.517\text{m}^2$，$a=2349\text{mm}$，取 $a=2270$（与前程不变径），

$v_{实}=14.02\text{m/s}$，查 $R_m=0.6\text{Pa/m}$，$\xi=0.079$，$\Delta P_y=16.5\times0.6=9.9\text{Pa}$，

$\Delta P_j=9.32\text{Pa}$，$\Delta P_{d3}=117.9-9.9-9.3=98.7\text{Pa}$

（3）管道 3-4

$L=24\times10^4\text{m}^3/\text{h}$　$v_d=12.3\text{m/s}$　$F=5.43\text{m}^2$　$a=2331\text{mm}$　取 $a=2270$（与 2-3 段同）

$v_{实}=12.94\text{m/s}$　$R_m=0.5\text{Pa/m}$　$\xi=0.073$

$P_{d4}=98.7-0.5\times16.5-0.073\times0.6\times12.94^2=83.1\text{Pa}$

（4）管段 4-5

$L=22\times10^4\text{m}^3/\text{h}$　$v_d=11.16\text{m/s}$　$F=5.477\text{m}^2$　$a=2340\text{mm}$　取 $a=2270$（与 3-4 段同）

$v_{实}=11.86\text{m/s}$　$P_{d4}'=84.4\text{Pa}$　$R_m=0.5$　$\xi=0.067$

$P_{d5}=83.1-0.5\times16.5-0.067\times0.6\times11.86^2=69.2\text{Pa}$

（5）管段 5-6

$L=20\times10^4\text{m}^3/\text{h}$　$v_d=10.76\text{m/s}$　$F=5.17\text{m}^2$　$a=2274\text{mm}$　取 $a=2270$（与 4-5 段同）

$v_{实}=10.78$　$P_{d5}'=69.7\text{Pa}$　$R_m=0.38\text{Pa/m}$　$\xi=0.059$

$P_{d6}=69.7-0.38\times16.5-0.059\times0.6\times10.78^2=59.3\text{Pa}$

（6）管段 6-7

$L=18\times10^4\text{m}^3/\text{h}$　$v_d=9.94\text{m/s}$　$F=5.03\text{m}^2$　$a=2243\text{mm}$　取 $a=2240$

$v_{实}=9.96\text{m/s}$　$P_{d6}'=59.6\text{Pa}$　$R_m=0.32\text{Pa/m}$　$\xi=0.05$

$P_{d7}=59.3-16.5\times0.32-0.05\times0.6\times9.96^2=51.0\text{Pa}$

（7）7-8 管段

$L=16\times10^4\text{m}^3/\text{h}$　$v_d=9.2\text{m/s}$　$F=4.82\text{m}^2$　$a=2196\text{mm}$　取 $a=2200$

$v_{实}=9.18\text{m/s}$　$P'_{d7}=50.6\text{Pa}$　$R_m=0.29\text{Pa/m}$　$\xi=0.047$

$\Delta P=16.5\times0.29+0.047\times0.6\times9.18^2=7.14\text{Pa}$

$P_{d8}=50.6-7.14=43.5\text{Pa}$

（8）8-9 管段

$L=14\times10^4\text{m}^3/\text{h}$　$v_d=8.51\text{m/s}$　$F=4.57\text{m}^2$　$a=2138\text{mm}$　取 $a=2140$

$v_{实}=8.49\text{m/s}$　$P'_{d8}=43.3\text{Pa}$　$R_m=0.2\text{Pa/m}$　$\xi=0.043$

$P_{d9}=43.5-0.2\times16.5-0.043\times0.6\times8.49^2=38.4\text{Pa}$

（9）9-10 管段

$L=12\times10^4\text{m}^3/\text{h}$　$v_d=8.00\text{m/s}$　$F=4.169\text{m}^2$　$a=2042\text{mm}$　取 $a=2040$

$v_{实}=8.01\text{m/s}$　$P'_{d9}=38.5\text{Pa}$　$R_m=0.25\text{Pa/m}$　$\xi=0.037$

$P_{d10}=38.5-0.25\times16.5-0.037\times0.6\times8.01^2=32.9\text{Pa}$

（10）10-11 管段

$L=10\times10^4\text{m}^3/\text{h}$　$v_d=7.41\text{m/s}$　$F=3.749\text{m}^2$　$a=1936\text{mm}$　取 $a=1940\text{mm}$

$v_{实}=7.38\text{m/s}$　$P'_{d10}=32.7\text{Pa}$　$R_m=0.21\text{Pa/m}$　$\xi=0.03$

$P_{d11}=32.7-16.5\times0.21-0.03\times0.6\times7.38^2=28.3\text{Pa}$

（11）11-12 管段

$L=8\times10^4\text{m}^3/\text{h}$　$v_d=6.86\text{m/s}$　$F=3.238\text{m}^2$　$a=1799.5\text{mm}$　取 $a=1800\text{mm}$

$P'_{d11}=28.3\text{Pa}$　$R_m=0.2\text{Pa/m}$　$\xi=0.02$

$P_{d12}=28.3-16.5\times0.2-0.02\times0.6\times6.86^2=24.4\text{Pa}$

（12）12-13 管段

$L=6\times10^4\text{m}^3/\text{h}$　$v_d=6.38\text{m/s}$　$F=2.618\text{m}^2$　$a=1616\text{mm}$　取 $a=1600\text{mm}$

$v_{实}=6.51\text{m/s}$　$P'_{d12}=25.4\text{Pa}$　$R_m=0.22\text{Pa/m}$　$\xi=0.015$

$P_{d13}=25.4-16.5\times0.22-0.015\times0.6\times6.51^2=21.4\text{Pa}$

（13）13-14 管段

$L=4\times10^4\text{m}^3/\text{h}$　$v_d=5.97\text{m/s}$　$F=1.861\text{m}^2$　$a=1364\text{mm}$　取 $a=1360\text{mm}$

$v_{实}=6.01\text{m/s}$　$P'_{d13}=21.7\text{Pa}$　$R_m=0.23\text{Pa/m}$　$\xi=0.017$

$P_{d14}=21.7-0.23\times16.5-0.017\times0.6\times6.01^2=17.5\text{Pa}$

（14）14-15 管段

$L=2\times10^4\text{m}^3/\text{h}$　$v_d=5.41\text{m/s}$　$F=1.027\text{m}^2$　$a=1013\text{mm}$　取 $a=1000\text{mm}$

$v_{实}=5.56\text{m/s}$　$P'_{d14}=18.5\text{Pa}$　$R_m=0.28\text{Pa/m}$　$\xi=0.07$

$P_{d14}=18.5-0.28\times16.5-0.07\times0.6\times5.56^2=12.6\text{Pa}>0$

说明：以上计算各管段之间变径采用渐缩管，未计变径头局部阻力。

第3章　液体输配管网水力特征与水力计算

学习要点：

3.1　闭式液体管网水力特征与水力计算

（1）理解重力循环热水供暖系统的工作原理，掌握重力循环液体管网作用压力的计算方法。注意重力循环热水供暖管网中假设液体温度沿途不发生变化，只在散热器和锅炉处发生变化。实际计算中通过附加作用压力来修正热水沿途散热冷却的影响，参见教材式(3-1-12)。

（2）理解重力循环热水供暖双管系统垂直失调现象。重力循环热水供暖双管系统中各层散热器与热源中心形成的作用压力不等，散热器与热源中心高差越大，循环作用压力越大。双管系统中各并联环路的循环作用压力也不等，由此出现上下层散热器流量不均（造成上下层房间冷热不均）的现象称为双管系统垂直失调。双管系统垂直失调可以通过调节各并联散热器支管管径和阀门阻力的方法或调整各并联散热器散热面积的方法来改善。

（3）理解重力循环热水供暖单管系统垂直失调现象。重力循环热水供暖单管系统中各层散热器的作用压力相等，但各层散热器进出口的热水温度不等，通常上供下回式单管热水供暖系统容易出现上热下冷的垂直失调现象。可以通过调节各串联散热器散热面积的方法来改善。

（4）掌握闭式液体管网水力计算方法与压损平衡方法。注意区分“压力损失平衡”与“阻力平衡”。“压力损失平衡”指管路在设计流量下的计算压力损失与其资用压力相等。通常采用“压力损失不平衡率”x来表示计算压力与资用压力相平衡的程度，参见教材式(3-1-17)。并联管路中由于各并联环路资用压力不相等而出现了并联环路阻力不相等的情况，只有当各并联环路的资用压力相等时，“压力损失平衡”才能简化为各并联管路之间的“阻力平衡”。

（5）掌握重力循环双管异程式系统的水力计算步骤和方法。

1）平均比摩阻R_{pj}是摩擦阻力在最不利环路的平均值，摩擦阻力可按照总阻力的50％考虑。因为异程式双管系统中最不利环路通常是管路最长的环路，在各并联环路“压损平衡”和资用压力相差不多的前提下，最不利环路的R_{pj}最小。实际工程异程式管网水力计算中，通常采用增大并联支管（独用管路）阻力、减少干管（共用管路）阻力的方法，同时将前端干管阻力适当选大、后端干管阻力适当选小的措施，以使各并联环路更容易实现“压损平衡”和水力稳定。

2）液体管网水力计算涉及到管道比摩阻R和局部阻力系数ζ的确定。R可查图（教材图3-1-5）确定，也可以根据流量和管径查表确定，如附录3所示。

（6）掌握机械循环室内热水供暖系统和室外热水供热系统水力计算的方法。

1）室内热水供暖管网采用机械循环时，重力作用所产生的循环压力与水泵压头比非常微小，通常可以不计入总资用压力；但在管网局部（如相邻的上下层散热器之间）“压损平衡”校核时应考虑重力作用的影响。

2）采用机械循环时，管路的平均比摩阻 R_{pj} 的取定涉及管网初投资（管径大小）、运行经济性（阻力大小）和管网水力平衡等多方面因素，应综合考虑。通常热水采暖系统 $R_{pj}=120\sim60\text{Pa/m}$。管网前端取大值，管网后端取小值。

3）室外热水供热管网常采用当量长度的方法来计算局部阻力损失，有时也根据经验估算局部阻力损失在总阻力损失中所占比例来计算总阻力损失。

3.2　掌握开式液体管网水力计算的方法

（1）建筑给水管网计算流量应考虑同时给水百分比，通常以设计秒流量统计管段的计算流量。用水器具的用水量可按当量值确定［教材式（3-2-3）］。

（2）建筑给水管网局部阻力通常按照占管网沿程损失的百分比来简单估算。

（3）建筑给水管网水泵压头要考虑流出水头和位置水头的影响，水泵扬程比闭式管网要多考虑流出水头和位置高差的影响。给水管网各配水点要求有一定的出流压力（流出水头），同时由于给水管网是开式系统，给水最高点和水泵入口位置高差产生的静水压力需要水泵扬程来克服。

习题精解：

3-1　计算教材例题 3-1 中各散热器所在环路的作用压力：$t_g=95℃$，$t_{g1}=85℃$，$t_{g2}=80℃$，$t_n=70℃$。设底层散热器中心与热源中心高层为 3m。

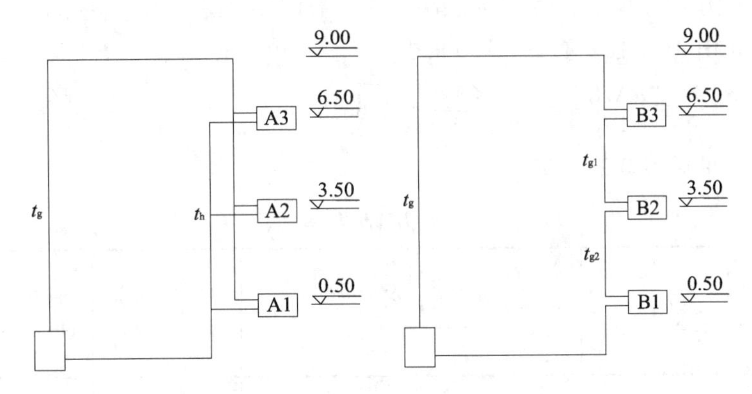

图 3-1　习题 3-1 示意图

解：双管制：第一层：$\Delta P_1=gh_1(\rho_h-\rho_g)=9.8\times3\times(977.81-961.92)=467.2\text{Pa}$

第二层：$\Delta P_2=gh_2(\rho_h-\rho_g)=9.8\times6\times(977.81-961.92)=934.3\text{Pa}$

第三层：$\Delta P_3=gh_3(\rho_h-\rho_g)=9.8\times9\times(977.81-961.92)=1401.5\text{Pa}$

单管制：$\Delta P_h=gh_3(\rho_{g1}-\rho_g)+gh_2(\rho_{g2}-\rho_g)+gh_1(\rho_h-\rho_g)$

$=9.8\times3\times(968.65-961.92)+9.8\times3\times(971.83-961.92)$

$+9.8\times3\times(977.81-961.92)=956.4\text{Pa}$

3-2　通过水力计算确定图 3-2 所示重力循环热水采暖管网的管径。图中立管Ⅲ、Ⅳ、Ⅴ各散热器的热负荷与Ⅱ立管相同。只算Ⅰ、Ⅱ立管，其余立管只讲计算方法，不作具体计算，散热器进出水管管长 1.5m，进出水支管均有截止阀和乙字弯，每根立管和热源进出口设有闸阀。在自然循环上供下回双管热水供暖系统中，由于水在管路内冷却而产生的附加压力见附录 2。

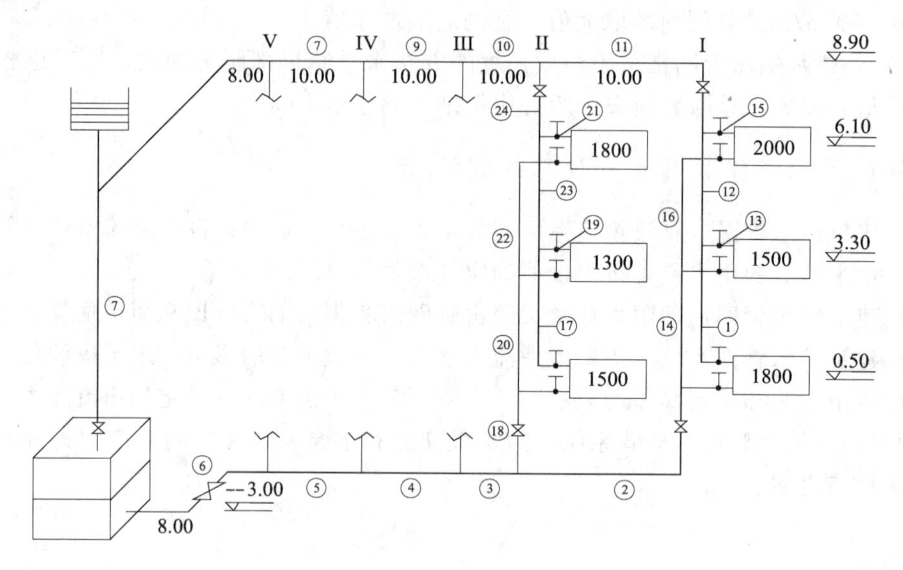

图 3-2　习题 3-2 示意图

解：$\Delta P_{I1}'=gH(\rho_H-\rho_g)+\Delta P_f=9.81\times(0.5+3)(977.81-961.92)+350=896\text{Pa}$

$\Sigma l_{I1}=8+10+10+10+10+(8.9-0.5)+1.5+1.5+(0.5+3)+10+10+10+10+8+(8.9+3)=122.8\text{m}$

$$R_{pj}=\frac{\alpha\Delta P_{I1}'}{\Sigma l_{I1}}=\frac{0.5\times896}{122.8}=3.65\text{Pa/m}\qquad G=\frac{0.86Q}{t_g-t_h}$$

水力计算结果见表 3-1。

水力计算表　　　　**表 3-1 (a)**

管段号	Q (W)	G (kg/h)	L (m)	D (mm)	v (m/s)	R (Pa/m)	$\Delta P_y=Rl$ (Pa)	$\Sigma\xi$	P_d (Pa)	ΔP_j (Pa)	ΔP (Pa)	局部阻力统计
1	1800	62	5.8	20	0.05	3.11	18.0	28.0	1.23	34.4	52.4	散热器 1×2.0，截止阀 2×10，90°弯头 1×1.5，合流三通 1.5×1 乙字弯 2×1.5
2	5300	182	13.5	32	0.05	1.65	22.3	2.5	1.23	3.1	25.4	闸阀 1×0.5，直流三通 1×1.0，90°弯头 1×1.0

续表

管段号	Q (W)	G (kg/h)	L (m)	D (mm)	v (m/s)	R (Pa/m)	$\Delta P_y=Rl$ (Pa)	$\Sigma\xi$	P_d (Pa)	ΔP_j (Pa)	ΔP (Pa)	局部阻力统计
3	9900	341	10	40	0.07	2.58	25.8	1.0	2.25	2.25	28.1	直流三通 1×1.0
4	14500	499	10	40	0.11	5.21	52.1	1.0	5.98	5.98	58.1	直流三通 1×1.0
5	19100	657	10	50	0.08	2.42	24.2	1.0	3.14	3.14	27.3	直流三通 1×1.0
6	23700	815	9	50	0.11	3.60	28.8	1.5	5.98	9.0	37.8	闸阀 1×0.5，90°弯头 2×0.5
7	23700	815	19.90	50	0.11	3.60	71.6	2.5	5.98	15.0	86.6	闸阀 1×0.5，90°弯头 2×0.5，直流三通 1×1.0
8	19100	657	10	50	0.08	2.42	24.2	1.0	3.14	3.14	27.3	直流三通 1×1.0
9	14500	499	10	40	0.11	5.21	52.1	1.0	5.98	5.98	58.1	直流三通 1×1.0
10	9900	341	10	40	0.07	2.58	25.8	1.0	2.25	2.25	28.1	直流三通 1×1.0
11	5300	182	12.8	32	0.05	1.65	21.1	2.5	1.23	3.1	24.3	闸阀 1×0.5，直流三通 1×1.0，90°弯 1×1.0
12	3300	114	2.8	25	0.06	2.88	8.1	1.0	1.77	1.8	9.9	直流三通 1×1.0

水力计算表　　表 3-1 (b)

管段号	Q (W)	G (kg/h)	L (m)	D (mm)	v (m/s)	R (Pa/m)	$\Delta P_y=Rl$ (Pa)	$\Sigma\xi$	P_d (Pa)	ΔP_j (Pa)	ΔP (Pa)	局部阻力统计
13	1500	52	3	15	0.08	9.92	30	37	3.14	116	146	散热器 1×2，截止阀 2×16，旁流三通 2×1.5
14	3500	120	2.8	15	0.17	65.93	128.6	1.0	14.22	14.2	143	直流三通 1×1.0

$\sum_{1}^{12}(\Delta P_y+\Delta P_j)=463.6\text{Pa}$，系统作用压力富裕率，$\Delta\%=\dfrac{896-463.6}{896}=48.3\%$满足富裕压力要求，过剩压力可以通过阀门调节。

立管Ⅰ，第二层 $\Delta P_{Ⅰ,2}=9.81\times6.3\times(977.81-961.92)+350=1332\text{Pa}$

通过第二层散热器的资用压力：$\Delta P_{13,14}{}'=1332-896+52.4=489\text{Pa}$，$R_{pj}=0.5\times489/5.8=42.2\text{Pa/m}$

压降不平衡率 $x=\dfrac{489-(146+143)}{489}\times100\%=40.9\%>15\%$

因管段 13、14 均选用最小管径，剩余压力只能通过第二层散热器支管上的阀门消除。

立管Ⅰ，第三层 $\Delta P_{Ⅰ,3}=9.81\times9.1\times(977.81-961.92)+350=1768\text{Pa}$

资用压力：$\Delta P'_{15,16,14}=1768-896+52.4+9.9=935\text{Pa}$

水力计算表 **表 3-1（c）**

管段号	Q (w)	G (kg/h)	L (m)	D (mm)	v (m/s)	R (Pa/m)	$\Delta P_y=Rl$ (Pa)	$\Sigma\xi$	P_d (Pa)	ΔP_j (Pa)	ΔP (Pa)	局部阻力统计
15	2000	68.8	3	15	0.1	15.26	45.8	35	4.9	172	217	散热器 1×2，截止阀 2×16，90°弯头 1×1.0
16	2000	68.8	2.8	15	0.1	15.26	42.7	1.0	4.9	4.9	48.0	直流三通 1×1.0

压降不平衡率 $x=\dfrac{935-(217+48+143)}{935}\times100\%=56\%>15\%$

因管段 15、16、14 已选用最小管径，剩余压力通过散热器支管的阀门消除。

计算立管Ⅱ，$\Delta P_{Ⅱ1}=9.81\times3.5\times(977.81-961.92)+350=896\text{Pa}$

管段 17、18、23、24 与管段 11、12、1、2 并联

Ⅱ立管第一层散热器资用压力 $\Delta P_{Ⅱ1}{}'=24.3+9.9+52.4+25.4=112.0\text{Pa}$

水力计算表 **表 3-1（d）**

管段号	Q (W)	G (kg/h)	L (m)	D (mm)	v (m/s)	R (Pa/m)	$\Delta P_y=Rl$ (Pa)	$\Sigma\xi$	P_d (Pa)	ΔP_j (Pa)	ΔP (Pa)	局部阻力统计
17	1500	52	5.8	15	0.08	9.9	57.4	37.0	3.08	114.0	171.4	同管段 13
18	4600	158	3.5	32	0.05	1.31	4.6	2.0	1.23	2.5	7.1	闸阀 1×0.5 合流三通 1×1.5
23	2800	96	2.8	20	0.08	6.65	18.6	1.0	3.14	3.14	22.0	直流三通 1×1.0
24	4600	158	2.8	32	0.05	1.31	3.7	3.0	1.23	3.7	7.4	闸阀 1×0.5，直流三通 1×1.0，旁流三通 1×1.5

压降不平衡率 $x=\frac{|112.0-(171.4+7.1+22.0+7.4)|}{112.0}\times100\%=86\%>15\%$

压降不平衡 x 较大，可适当调整管径，如表 3-1（e）所示。

调整管径后水力计算表　　　　**表 3-1（e）**

管段号	Q (W)	G (kg/h)	L (m)	D (mm)	v (m/s)	R (Pa/m)	$\Delta P_y=Rl$ (Pa)	$\Sigma\xi$	P_d (Pa)	ΔP_j (Pa)	ΔP (Pa)	局部阻力统计
17′	1500	52	5.8	20	0.04	1.38	8.0	25.0	0.8	20.0	28.0	散热器 1×2，截止阀 2×10，90°弯头 1×1.5，合流三通 1.5×1
18′	4600	158	3.5	25	0.09	11.0	38.5	2.0	4.0	8.0	46.5	闸阀 1×0.5 合流三通 1×1.5
23′	2800	96	2.8	25	0.05	5.0	14.0	1.0	1.2	1.2	15.2	直流三通 1×1.0
24′	4600	158	2.8	25	0.09	11.0	30.8	3.0	4.0	12.0	42.8	闸阀 1×0.5，直流三通 1×1.0，旁流三通 1×1.5

调整后的压降不平衡率 $x'=\frac{|112.0-(28.0+46.5+15.2+42.8)|}{112.0}\times100\%$

$=18.3\%>15\%$

多余压力可以通过阀门调节。

确定Ⅱ立管第二层散热器管径。

资用压力 $\Delta P_{Ⅱ2}'=1332-(896-28.0-46.5)=511\text{Pa}$

水力计算表　　　　**表 3-1（f）**

管段号	Q (W)	G (kg/h)	L (m)	D (mm)	v (m/s)	R (Pa/m)	$\Delta P_y=Rl$ (Pa)	$\Sigma\xi$	P_d (Pa)	ΔP_j (Pa)	ΔP (Pa)	局部阻力统计
19	1300	44.7	3	15	0.06	7.8	23.4	37	1.73	64.1	87.5	同管段 13
20	3100	106.6	2.8	15	0.16	37.0	103.6	1	12.5	12.5	116.1	直流三通 1×1.0

压降不平衡率 $x=\frac{511-(87.5+116.1)}{511}\times100\%=60\%>15\%$

管段 19、20 已选用最小管径，剩余压力由阀门消除。

确定Ⅱ立管第三层散热器管径。

资用压力 $\Delta P'_{Ⅱ,3}=1768-(896-28.0-15.2)=915\text{Pa}$

水力计算表 表3-1（g）

管段号	Q (W)	G (kg/h)	L (m)	D (mm)	v (m/s)	R (Pa/m)	$\Delta P_y=Rl$ (Pa)	$\sum\xi$	P_d (Pa)	ΔP_j (Pa)	ΔP (Pa)	局部阻力统计
21	1800	62	3	15	0.09	13.6	41.0	35.5	3.9	139	180	散热器1×2.0，截止阀2×16，旁流三通1×1.5
22	1800	62	2.8	15	0.09	13.6	38.0	2.5	3.9	9.8	48	直流三通1×1.0 90°弯头1×1.5

压降不平衡 $x=\dfrac{915-180-48}{915}\times100\%=75\%>15\%$

剩余压力由阀门消除。

第Ⅲ、Ⅳ、Ⅴ立管的水力计算与Ⅱ立管相似，方法为：

（1）确定通过底层散热器的资用压力；

（2）确定通过底层散热器环路的管径和各管段阻力；

（3）进行底层散热器环路的阻力平衡校核；

（4）确定第二层散热器环路的管径和各管段阻力；

（5）对第二层散热器环路进行阻力平衡校核；

（6）对第三层散热器作（4）、（5）步计算，阻力平衡校核。

3-3 机械循环室内采暖系统的水力特征和水力计算方法与重力循环系统有哪些一致的地方和哪些不同之处？

答：（1）作用压力不同：重力循环系统的作用压力：双管系统 $\Delta P=gH\ (\rho_h-\rho_g)$，单管系统：$\Delta P=\sum_{i=1}^{N}gH_i\ (\rho_i-\rho_{i+1})$，总的作用压力：$\Delta P_{zh}=\Delta P_h+\Delta P_f$；机械循环系统的作用压力：$P+\Delta P_h+\Delta P_f=\Delta P_l$，$\Delta P_h$、$\Delta P_f$ 与 P 相比可忽略不计。$\therefore P=\Delta P_l$，但在局部并联管路中进行阻力手段时需考虑重力作用。

（2）计算方法步骤基本相同：首先确定最不利环路，确定最不利环路管径，再计算并联管路资用压力，确定并联支路的管径，最后作阻力平衡校核。

3-4 室外热水供热管网的水力计算与室内相比有哪些相同之处和不同之处？

答：相同之处：（1）计算的主要任务相同：按已知的热媒流量，确定管道的管径，计算压力损失；按已知热媒流量和管道管径，计算管道的压力损失；按已知管道管径和允许压力损失，计算或校核管道中流量。（2）计算方法和原理相同：室内热水管网水力计算的基本原理，对室外热水管网是完全适用的。在水力计算程序上相同，如确定最不利环路，计算最不利环路的压力损失，对并联支路进行阻力平衡。

不同之处：（1）最不利环路平均比摩阻范围不同，室内 $R_{pj}=60\sim120$Pa/m，室外 $R_{pj}=40\sim80$Pa/m。（2）水力计算图表不同，因为室内管网流动大多处于紊流过渡区，而室外管网流动状况大多处于阻力平方区。（3）在局部阻力的处理上不同，室内管网局部阻力和沿程阻力分开计算，而室外管网将局部阻力折算成当量长度计算。（4）沿程阻力在总阻力中所占比例不同，室内可取 50%，室外可取 60%～80%。

3-5　开式液体管网水力特征及水力计算与闭式液体管网相比，有哪些相同之处和不同之处？

答：从水力特征上看，开式液体管网与大气相通，而闭式液体管网（除膨胀水箱外）与大气隔离。因此，开式液体管网的动力设备除了克服管网流动阻力外，还要克服进出口高差形成的静水压力。此外，开式液体管网（如排水管网）中流体可能为多相流，其流态比闭式管网复杂；由于使用时间的不确定性，开式液体管网中流量随时间变化较大，而闭式液体管风中流量一般比较稳定。

在水力计算方法上，开式液体管网的基本原理和方法与闭式管网没有本质区别。但具体步骤中也有一些差别：

（1）动力设备所需克服的阻力项不完全相同，开式管网需考虑高差。

（2）管网流量计算方法不同，闭式管网同时使用系数一般取 1，而开式管网同时使用系数一般小于 1（末端数量较少的管段除外）。

（3）水力计算图表不同。

（4）对局部阻力的处理方式不同，闭式管网通过局部阻力系数和动压求局部损失，而开式管网对局部阻力一般不作详细计算，仅根据管网类型采用经验的估计值，局部损失所占比例也小于闭式管网中局部损失所占比例。

（5）在并联支路阻力平衡处理上，闭式管网强调阻力平衡校核，而开式管网则对此要求不严，这是开、闭式管网具体形式和使用特点的不同造成的，开式管网对较大的并联支路也应考虑阻力平衡。

3-6　分析管内流速取值对管网设计的影响。

答：管内流速取值对管网运行的经济性和可靠性都有很重要的影响。管内流速取值大，则平均比摩阻较大，管径减小，可适当降低管网系统初投资，减少管网安装所占空间；但同时管内的流速较大，系统的压力损失增加，输送动力消耗增加，运行费用增加。并且也可能带来运行噪声和调节困难等问题。反之，选用较小的比摩阻值，则管径增大，管网系统初投资较大，但管内的流速较小，系统的压力损失减小，输送动力消耗小，运行费用低，相应运行噪声和调节问题也容易解决。

第4章　多相流管网水力特征与水力计算

学习要点：

4.1　液气两相流管网水力特征与水力计算

（1）水封的作用及水封破坏的原因。

1）水封是建筑排水管网常用的配件，它是利用一定高度的静水压力来抵抗排水管内气压变化，防止排水管内气体进入室内的设施。水封通常设在卫生器具排水支管上，用存水弯来实现。建筑排水管网常用水封高度一般为50～100mm；

2）因静态和动态原因造成存水弯内水封高度减小，不足以抵抗排水管道内允许的压力变化值，使排水管道内气体进入室内的现象叫水封破坏。水封破坏的原因有自虹吸损失、诱导虹吸损失和静态损失等。

（2）理解建筑内部排水管横管及立管内的水流状态及特点，掌握横管及立管内压力变化情况。

1）排水立管水流随着流量的不断增加，经过附壁螺旋流、水膜流、水塞流3个阶段。水膜流是排水管网设计常采用的流态，管网具有可靠性和经济性的双重优点；

2）确保立管内通水能力和防止水封破坏是建筑内部排水系统中两个最重要的问题，这两个问题都与立管内压力有关。减小终限流速、减小水舌系数等稳定立管内的压力等措施可增大立管的通水能力。

（3）掌握建筑排水管网水力计算的方法。

1）掌握排水管网设计充满度、自净流速、管道坡度、最小管径等相关规定；

2）掌握横管、立管及通气管道的水力计算方法。

（4）掌握空调凝结水管网系统的设计方法。

1）空调凝结水通常保证一定的管道坡度使管网排水通畅，并且通常为非满管流动；

2）空调凝结水管采用聚氯乙烯塑料管时，一般可以不设防结露的保温层；采用镀锌钢管时，应设置保温层；

3）空调凝结水管网宜单独设置凝结水排水立管，不宜将空调凝结水直接连接到生活排水管网，以免排水管内臭气进入空调送风系统，通常在空调设备凝结水管接口处设置水封；

4）空调凝结水管径通常按照所负担的空调冷负荷确定，但在潜热负荷较大的场所宜将凝结水管径适当加大。

4.2　汽液两相流管网水力特征与水力计算

（1）掌握汽液两相流水力特征与保障管网正常流动的技术措施。

汽液两相流中由于压力的变化产生“二次蒸汽”，流体相态及管内流体密度都发生变化。蒸汽供热管网要防止“水击”现象，水平敷设的供汽管路，必须具有足够的坡度，并尽可能保持汽、水同向流动。当必须汽、水逆向流动时，管内蒸汽流速必须控制在一定的范围内。管网合理设置凝结水排放点。

（2）掌握蒸汽供暖系统管路的水力计算方法。

1）室内低压蒸汽供暖系统管路的水力计算同样先从最不利环路开始。最不利环路各管段的水力计算完成后，即可进行其他立管的水力计算。按压损平均法来选择其他立管的管径，但应限定合适的管内流速以避免“水击”和噪声，便于排除蒸汽管路中的凝水；

2）低压蒸汽供暖系统，在总凝水管排气管前的管路为干凝水管路，属非满管流状态；排气管后面的凝水管路，可以全部充满凝水，为湿凝水管，其流动状态为满管流。在相同热负荷条件下，湿式凝水管选用的管径比干式的小。可用供热设计手册中的管径选择表确定低压蒸汽供暖系统干凝水管路和湿凝水管路的管径；

3）室内高压蒸汽供暖系统管网水力计算方法与低压蒸汽供暖管网相同，蒸汽流速比低压系统大；

4）室外蒸汽管网水力计算方法可参照室内系统，应注意蒸汽密度和管壁粗糙度的修正。

（3）掌握室内高压蒸汽供暖系统管路的水力计算方法。

（4）掌握室外蒸汽管网的水力计算方法。

（5）掌握蒸汽供暖凝结水管路系统的水力计算方法。

1）首先应清楚凝结水回水方式，分清计算的凝结水管路内的流体介质种类及流体密度，确定适合的凝结水管网水力计算方法；

2）非满管流的凝结水管段可按照所负担的热负荷查供热设计手册确定其管径和坡度；

3）满管流的凝结水管段应视其为单相流体还是多相流体分别计算。汽液两相满管流时应按蒸汽的质量分数确定流体密度，按照最不利情况确定流动的资用压力；单相液体满管流时可参照液体管网的水力计算方法确定管径。

4.3　气固两相流管网水力特征与水力计算

（1）理解悬浮速度、沉降速度的概念，理解二者的区别和联系。

（2）掌握气固两相流中物料的运动状态分类：悬浮流、底密流、疏密流、停滞流、部分流、柱塞流。在两相流中，既有物料颗粒的运动，又存在颗粒与气流间的速度差，其阻力要比单相气流的阻力大。两者阻力与流速的关系也是不同的。单相流阻力随速度单调增加，而两相流中阻力随速度增加到一个临界值后降低，到第二个临界值后再随速度增加而增大。整个变化过程中有两个拐点，理解两个拐点出现的原因。

（3）掌握料气比和输送风速的定义；了解常用输送风速的范围，水平管道的输送风速比竖直管段要大，当输送的物料粒径、密度、含湿量、黏性较大，或者系统的规模大、管路复杂时，应采用较大的输送风速。

（4）计算气固两相流的阻力时，物料流被认为是一种特殊的流体，可以利用单相流体的阻力公式进行计算，两相流的阻力可以看作是单相流体的阻力与物料颗粒引起的附加阻力之和。由于系统组成不同，气固两相流比气体单相流动增加的阻力项有喉管或吸嘴的阻力、物料的加速阻力、物料的悬浮阻力（仅在水平管和倾斜管计算）、物料的提升阻力

（垂直管和倾斜管计算，注意物料流动方向影响提升阻力的正负值）、分离器阻力等。增加的阻力项大多属于局部阻力。

4.4 枝状管网水力共性与水力计算通用方法

（1）掌握虚拟管路、虚拟闭合、独用环路、共用环路、资用动力、压损平衡、阻力平衡等概念。

（2）掌握环路动力源的种类和重力作用压力的计算方法，计算最不利环路及其并联支路的资用压力。

（3）理解“压损平衡”和“阻力平衡”的区别与联系。

（4）掌握枝状管网水力计算通用方法和步骤。

习题精解：

4-1 什么是水封？它有什么作用？举出实际管网中应用水封的例子。

答：水封是利用一定高度的静水压力来抵抗排水管内气压的变化，防止排水管内气体进入室内的措施。因此水封的作用主要是抑制排水管内臭气串入室内，影响室内空气质量。另外，由于水封中静水高度的水压能够抵抗一定的压力，在低压蒸汽管网中有时也可以用水封来代替疏水器，限制低压蒸汽逸出管网，但允许凝结水从水封处排向凝结水回收管。

实际管网中应用水封的例子很多，主要集中在建筑排水管网，如：洗脸盆、大/小便器等各类卫生器具排水支管上安装的存水弯（水封）。此外，空调末端设备（风机盘管、吊顶或组合式空调器等）凝结水排水管处于空气负压侧时，安装的存水弯可防止送风吸入排水管网内的污浊空气。

4-2 讲述建筑排水管网中液气两相流的水力特征？

答：（1）可简化为水气两相流动，属非满管流；

（2）系统内水流具有断续非均匀的特点，水量变化大，排水历时短，高峰流量时水量可能充满水管断面，有时管内又可能全是空气，此外流速变化也较剧烈，立管和横管水流速相差较大；

（3）水流运动时夹带空气一起运动，管内气压波动大；

（4）立管和横支管相互影响，立管内水流的运动可能引起横支管内压力波动，反之亦然；

（5）水流流态与排水量、管径、管材等因素有关；

（6）通水能力与管径、过水断面与管道断面之比、粗糙度等因素相关。

4-3 提高排水管排水能力的关键在哪里？有哪些技术措施？

答：提高排水管排水能力的关键是稳定立管内压力，保证排水畅通。技术措施有：（1）合理设置排水立管管径设置通气应管；（2）在管径一定时，减少终限流速和水舌阻力系数。减小终限流速可以通过以下方法：（1）增加管内壁粗糙度；（2）立管上隔一定距离设乙字弯；（3）利用横支管与立管连接的特殊构造，发生溅水现象；（4）由横支管排出的水流沿切线方向进入立管；（5）对立管内壁作特殊处理，增加水与管内壁的附着力。减小水舌阻力系数，可以通过改变水舌形状，或向负压区补充的空气不经水舌两种途径，措施有：(1) 设置专用通气立管；(2) 在横支管上设单路进气阀；(3) 在排水横管与立管连接处的立管内设置挡板；(4) 将排水立管内壁做成有螺旋线导流突起；(5) 排水立管轴线与横支管轴线错开半个管径连接；(6) 一般建筑采用形成水舌面积小两侧气孔面积大的斜三通或异径三通。

4-4　解释“终限流速”和“终限长度”的含义，这两个概念与排水管通水能力之间有何关系？

答：终限流速 V_t，排水管网中当水膜所受向上的管壁摩擦力与重力达到平衡时，水膜的下降速度和水膜厚度不再发生变化，这时的流速叫终限流速。终限长度 L_t：从排水横支管水流入口至终限流速形成处的高度差叫终限长度。这两个概念确定了水膜流阶段排水立管（允许的压力波动范围）内最大允许排水能力。超过终限流速的水流速度将使排水量继续增加，水膜加厚，最终形成水塞流，使排水系统不能正常使用。水膜流状态下，可有$Q=\frac{1}{10}W_tV_t$，$L_t=0.144V_t^2$，其中 Q——通水能力，L/s；W_t——终限流速时过水断面积，cm^2；V_t——终限流速，m/s；L_t——终限长度，m。

4-5　空调凝结水管内流动与建筑排水管内流动的共性和差别是什么？

答：(1) 共性：均属于液气两相流。

(2) 差别：① 空调凝结水管在运动时管内水流量变化不大，气压变化也不大，而建筑排水管风水量及气压随时间变化都较大；

② 空调凝结水管内流速较小，排水管网内流速较大；

③ 空调凝结水管内流动可当成凝结水和空气的流动，排水管内的流动除水和气体外，还有固体。

4-6　汽液两相流管网的基本水力特征是什么？

答：(1) 属蒸汽、凝结水的两相流动；

(2) 流动过程中，由于压力、温度的变化，工质状态参数变化较大，会伴随着相态变化；

(3) 由于流速较高，可能形成“水击”、“水塞”等不利现象，因此应控制流速并及时排出凝结水；

(4) 系统运行时排气，系统停止运行时补气，以保证系统长期、可靠运行。

(5) 凝结水回水方式有重力回水、余压回水、机械回水等多种方式（回水管段也有少量蒸汽存在）。

4-7　简述保证蒸汽管网正常运行的基本技术思路和技术措施？

答：保证蒸汽管网正常运行的基本思路是减少凝结水被高速蒸汽流裹带，形成“水塞”和“水击”。主要预防思想包括：(1) 减少凝结；(2) 分离水滴；(3) 汽液两相同向流动；(4) 若两相逆向流动，则降低蒸汽流速。可采取的技术措施有：(1) 通过管道保温减少凝结；(2) 在供汽干管向上拐弯处装疏水器分离水滴；(3) 设置足够坡度使水汽同向；(4) 在两相逆向的情况下，降低蒸汽的速度；(5) 在散热器上装自动排气阀，以利于凝水排净，下次启动时不产生水击；(6) 汽、水逆向时，适当放粗管径；(7) 供汽立管从干管上方或侧方接出，避免凝水流入立管；(8) 为保证管正常运行，还需适当考虑管网变形的破坏作用，设置补偿器。

4-8　简述室内蒸汽供热管网水力计算的基本方法和主要步骤。

答：蒸汽管网水力计算的基本方法一般采用压损平均法，与热水管网大致相同，管网同样存在着沿程阻力和局部阻力。从最不利环路算起，满足锅炉出口蒸汽压力＝流动阻力＋用户散热器所需压力。水力计算主要步骤：(1) 确定最不利环路；(2) 管段编号，统计各管段长度及热负荷；(3) 选定比压降，确定锅炉出口压力；(4) 对最不利环路各管段进行水力计算，依次确定其管径和压损；(5) 对各并联管路进行水力计算，确定其管径和压损；(6) 确定各凝水管路管径，必要时需计算凝水管路压损并配置相应回水设备，如凝水泵，凝水箱等。

4-9　若教材例 4-2 中，每个散热器的热负荷均改为 3000W，试重新确定各管段管径及锅炉蒸汽压力。

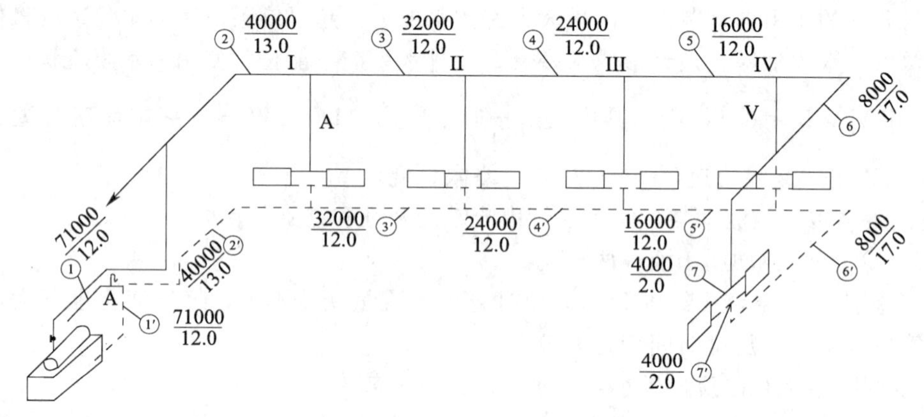

图 4-1　例题 4-2 的管路计算图

解：(1) 确定锅炉压力：$\sum l=80$m，比压降 100Pa/m，散热器所需剩余压力 2000Pa，运行压力 $P_b=80\times100+2000=10$kPa。

(2) 最不利管路的水力计算，预计 $R_m=100\times0.6=60$Pa/m，各管段管径的确定见表 4-1，凝水管径汇总见表 4-2。

水力计算表　　　　**表 4-1 (a)**

管段	热量 Q (W)	长度 l (m)	管径 d (mm)	比摩阻 R (Pa/m)	摩擦阻力损失 $\Delta P_y=Rl$ (Pa)	流速 v (m/s)	局部阻力系数 $\sum\xi$	压头 P_d (Pa)	局部压力损失 $\Delta P_j=P_d\cdot\sum\xi$ (Pa)	总压力损失 $\Delta P=\Delta P_y+\Delta P_j$ (Pa)
1	71000	12	70	26.3	13.9	315.6	10.5	61.2	642.6	958.2
2	30000	13	50	29.41	12.94	382.33	2.0	53.08	106.16	488.49
3	24000	12	40	39.69	12.6	496.28	1.0	50.33	50.33	546.61
4	18000	12	32	52.68	12.29	632.16	1.0	47.88	47.88	680.04
5	12000	12	32	21.58	8.42	258.96	1.0	22.47	22.47	281.43
6	6000	17	25	28.35	7.34	481.95	12.0	17.08	204.96	686.91
7	3000	2	20	20.55	5.80	41.1	4.5	10.66	47.97	89.07

$\sum l=80$m　$\sum\Delta P=3730.75$Pa

局部阻力系数汇总：

管段① 截止阀 7.0，锅炉出口 2.0，90°摵弯 3×0.5=1.5　$\sum\xi=10.5$

管段② 90°摵弯 2×0.5=1.0，直流三通 1.0　$\sum\xi=2.0$

管段③④⑤ 直流三通 1.0　$\sum\xi=1.0$

管段⑥ 截止阀 9.0，90°摵弯 2×1.0=2.0，直流三通 1.0　$\sum\xi=12.0$

管段⑦ 乙字弯 1.5，分流三通 3.0　$\sum\xi=4.5$

立管ⅢⅣ（d=25mm）截止阀 9.0，90°摵弯 1.0，旁流三通 1.5　$\sum\xi=11.5$

ⅠⅡ（d=20mm）截止阀 10.0，90°摵弯 1.5，旁流三通 1.5　$\sum\xi=13$

支管ⅢⅣ（d=20mm）乙字弯 9.0，分流三通 3.0　$\sum\xi=4.5$

ⅠⅡ（d=15mm）乙字弯 1.5，分流三通 3.0　$\sum\xi=4.5$

立管Ⅳ资用压力 ΔP_{6-7}=775.98Pa　**表 4-1（b）**

立管	6000	4.5	25	28.35	7.34	127.58	11.5	17.08	196.42	324
支管	3000	2	20	20.55	5.80	41.1	4.5	10.66	47.97	89.07
										$\sum\Delta P$=413.07Pa

立管Ⅲ资用压力 ΔP_{5-7}=968.34Pa　**表 4-1（c）**

立管	6000	4.5	25	28.35	7.34	127.58	11.5	17.08	196.42	324
支管	3000	2	15	103.45	11.07	206.90	4.5	38.85	174.81	381.7
										$\sum\Delta P$=705.71Pa

立管Ⅱ资用压力 ΔP_{4-7}=1648.38Pa　立管Ⅰ ΔP_{3-7}=2194.99Pa　**表 4-1（d）**

立管	6000	4.5	20	80.4	11.66	361.8	13.0	43.1	560.3	922.07
支管	3000	2	15	103.45	11.07	206.90	4.5	38.85	174.81	381.7
										$\sum\Delta P$=1303.77Pa

凝水管径汇总表　**表 4-2**

编号	7′	6′	5′	4′	3′	2′	1′
热负荷 Q（W）	3000	6000	12000	18000	24000	30000	71000
管径 d（mm）	15	20	20	25	25	32	32

4-10　简述凝结水管网水力计算的基本特点。

答：凝结水管网水力计算的基本特征是管网内流体相态不确定，必须分清管道内是何种相态的流体。例如从热设备出口至疏水器入口的管段，凝水流动状态属非满管流。从疏水器出口到二次蒸发箱（或高位水箱）或凝水箱入口的管段有二次蒸汽，是液汽两相流，从二次蒸发箱出口到凝水箱为饱和凝结水，是满管流，可按热水管网计算。

4-11　物料的“沉降速度”、“悬浮速度”、“输送风速”这三个概念有何区别与联系？

答：物料颗粒在重力作用下，竖直向下加速运动，同时受到气体竖直向上的阻力，随着预粒与气体相对速度增加，竖直向上的阻力增加，最终阻力与重力平衡。这对物料与气体的相对运动速度 v_t，若气体处于静止状态，则 v_t 是颗粒的沉降速度；若颗粒处于悬浮状态，v_t是使颗粒处于悬浮状态的竖直向上的气流速度，称悬浮速度。气固两相流中的气流速度称为输送风速。输送风速足够大，使物料悬浮输送，是输送风速使物料产生沉降速度和悬浮速度。沉降速度和悬浮速度宏观上在水平风管中与输送风速垂直，在垂直风管中与输送风速平行。为了保证正常输送，输送风速大于沉降速度或悬浮速度，一般输送风速为悬浮速度的2.4～4.0倍，对大密度粘结性物料甚至取5～10倍。

4-12　简述气固两相流的阻力特征和阻力计算的基本方法。

答：气固两相流中，既有物料颗粒的运动，又存在颗粒与气体间的速度差，阻力要比单相气流的阻力大，对于两相流在流速较小时阻力随流速增大而增大。随着流速的增大，颗粒过渡到悬浮运动，总阻力随流速增大而减小，流速再增大，颗粒完全悬浮，均匀分布于某个风管，阻力与单排气流相似，随流速增大而增大。气固两相流的阻力还受物料特性的影响，物料密度大、黏性大时，摩擦作用和悬浮速度大，阻力也大，颗粒分布不均匀时颗粒间速度差异大，互相碰撞机会多，因而阻力也大。阻力计算的基本方法是把两相流和单相流看作相同流态，物料流看作特殊的流体，利用单相流体的阻力公式计算，因此两相流的阻力可以看作单相流体阻力与物料颗粒引起的附加阻力之和。在阻力构成上，气固两相流需考虑喉管或吸嘴的阻力、加速阻力、物料的悬浮阻力、物料的提升阻力、管道的摩擦阻力、弯管阻力、设备局部阻力等多项因素，各项阻力都有相应的计算参数和公式。气固两相流阻力计算一般可确定输送风速、料气比、输送管径及动力设备。

4-13　气固两相流水平管道内，物料依靠什么力悬浮？竖直管道呢？

答：气固两相水平管道内，物料依靠以下几个作用力悬浮：(1) 紊流气流垂直方向分速度产生的力；(2) 管底颗粒上下的气流速度不同产生静压差而形成的力；(3) 颗粒旋转运动时与周围的环流速度迭加形成速度差在颗粒上下引起静压差产生的力；(4) 因颗粒形状不规则引起的空气作用力垂直分力；(5) 颗粒之间或颗粒与管壁之间碰撞时受到的垂直分力。竖直管道内，物料依靠与气流存在相对速度而产生的向上的阻力悬浮。

4-14　气力输送管道中，水平管道与竖直管道哪个需要的输送风速大？为什么？

答：输送风速指气固两相流管中的气流速度，气力输送管道中，水平管道比竖直管道需要的输送风速大。因为在垂直管道中，气流速度与物料速度方向一致，只要气流速度稍大于悬浮速度，就可输送，而在水平管道中，物料悬浮来自紊流分速度、静压差等多种因素，悬浮速度与输送风速垂直，为保证物料处于悬浮流而正常输送，要有比悬浮速度大得多的输送风速才能使物料颗料完全悬浮，因此水平管输送风速大。

4-15　什么是料气比？料气比的大小对哪些方面有影响？怎样确定料气比？

答：料气比是单位时间内通过管道的物料量与空气量的比值，也称料气流浓度。料气比的大小关系到系统工作的经济性、可靠性和输料量的大小。料气比大，所需送风量小，因而管道设备小，动力消耗少，在相同的输送风量下输料量大。所以在保证正常运行的前提下，力求达到较高的料气比。料气比的确定，受到输送经济性、可靠性（管道堵塞）和气源压力的限制，一般根据经验确定。低压吸送式系统，料气比$\mu=1\sim10$，循环式系统$\mu=1$左右，高真空吸送式系统$\mu=20\sim70$。物料性能好，管道平直，喉管阻力小时，可采用较高的料气比，反之取用较低值。

4-16　分析教材中式（2-2-1）和式（4-3-11）这两个管道摩阻计算公式的区别和联系，它们各用于计算什么样的管网？

答：公式（2-2-1）$\Delta P=R_{m}l$ 用于单相流体的沿程摩擦阻力计算；公式（4-3-11）$\Delta P=(1+k_{1}\mu_{1})R_{m}l$ 用于气固两相流管道的摩擦阻力计算。公式（4-3-11）包括了气流阻力和物料颗粒引起的附加阻力两部分，其中 k_{1} 是与物料有关的系数，μ_{1} 为料气比。

4-17　什么是虚拟管路？如何进行开式管网的虚拟闭合？

答：虚拟管路是连接开式管网出口和进口的虚设管路，虚拟管路中流体为开式管路中出口和进口高度之间的环境流体，其水力和热力参数都与环境流体相同；流向从实际开式管网出口流向进口；虚拟管路的管径无限大，流速无限小，流动阻力为零。

虚拟管路通过“突然扩大”与开式管网的出口相连，通过“突然缩小”与开式管路的进口相连，使虚拟管路与实际开式管路连接在一起，组成一个虚拟的闭式管网，这称为管路的虚拟闭合。虚拟闭合时，通过虚拟管路把开式管网的各出口和进口连接起来就构成虚拟闭合环路。对于多极连接的某一级管网，可在其上下级管网的分解处虚拟断开，形成虚拟进出口，虚拟进出口的水力和热力参数与原分界处开式管网内流体相同，再用虚拟管路将各虚拟进出口逐一连接，形成多个独立的虚拟环路。

4-18　枝状管网的环路动力如何计算？环路中的全压有哪些来源？如何确定枝状管网需由动力机械（水泵、风机等）提供的全压？

答：(1) 枝状管网的环路动力 P 包括作用在环路上的全压 P_{q} 和重力作用所产生的动力 P_{G}，即 $P=P_{q}+P_{G}$；(2) 环路中的全压来源包括：由风机、水泵等动力机械提供，其全压大小取决于风机、水泵性能与管网水力特性的耦合状态；由上级管网提供，其全压大小取决于上级管网的水力工况；由压力容器提供，其全压大小取决于压力容器内的压力特性；由环境流体的动压提供，只能提供在管网的真实开口上，大小取决于环境流体动压的大小和开口的流体动力特性；(3) 确定环路所需的全压，可根据要求的流量，合理的管内流速，确定环路的管道尺寸，先计算出环路流动阻力 ΔP_{i}；再根据环路内流体密度与环路空间走向，计算出重力作用形成的环路流动动力 P_{Gi}；环路由风机、水泵等压力源提供的全压为：$P_{qi}=\Delta P_{i}-P_{Gi}$。

4-19　什么是最不利环路？确定最不利环路应考虑哪些因素？

答：最不利环路是流体流动阻力最大的环路。确定最不利环路应考虑多方面因素，如重力作用、局部阻力情况、流量分配要求等。在重力作用 P_{Gi} 可忽略、各并联支路局部阻力相当的情况下，最不利环路通常是最远的环路。但不能一概视之，如在重力作用 $P_{Gi}\neq 0$ 的情况下，不应只根据管路的长短和局部阻力部件的多少选定最不利环路，而应综合考虑流动阻力和重力作用，选管路长、部件多、重力推动作用小（甚至是阻碍流动）的环路为最不利环路。

4-20　如何确定环路的资用动力？最不利环路资用动力的计算方法与其他环路有何差异？

答：任意环路 i 的资用动力 P_{zhi} 等于环路中外部压力作用 P_{qi} 大小和重力作用大小 P_{Gi} 之和，即 $P_{zhi}=P_{qi}+P_{Gi}$。最不利环路资用动力的计算方法与其他并联的环路有差异。最不利环路资用动力受流动阻力和外部压力影响，其资用动力可按 $P_{zhi}=P_{qi}+P_{Gi}$ 计算。而其他并联支路资用动力受最不利环路资用动力分配的约束，以此来实现管网并联支路的压损平衡（流量分配要求）。任一环路与最不利环路共用管段的资用动力，是由最不利环路的资用动力分配确定的。任一环路只在其独用管路上有分配资用动力的自由。

4-21 如何计算独用管路的资用压力？独用管路的压损平衡和并联管路的阻力平衡有何区别？

答：(1) 可按以下步骤计算独用管路的资用压力：① 根据最不利环路的资用动力分配，确定共用管路的资用动力，它等于共用管路的流动阻力 ΔP_1；② 计算独用管路的资用动力 P_{i2}，$P_{i2}=P_{zhi}-\Delta P_1$；③ 按确定的方案将 P_{i2}分配给独用管路的每一管段；④ 重复以上步骤确定其他并联环路独用管段的资用动力。

(2) 独用管路压损平衡指在设计中通过对管路几何参数（主要是管道断面尺寸）的调整，改变管内流速，使独用管路在要求的流量下，流动阻力等于资用动力，从而保证管网运行时，独用管路的流量达到要求值；并联管路阻力平衡指在并联管路的动力相等的前提下，通过调整管路尺寸，使各并联管路在各自要求的流量下，计算阻力相等。这样可保证管网运行中，各并联管路的流量分配满足要求。各环路的独用管路是并联管路，当各环路中重力作用不相同时，这些并联管路的动力不相等。因而，它们的流动阻力也不相等。“阻力平衡”只适用于各环路资用压力相等的情况，而“压损平衡”是普遍适用的。

4-22 简述枝状管网水力计算通用方法。

答：枝状管网都可以按以下步骤进行水力计算：

(1) 绘制管网轴测图，对各管段进行编号，标明其空间位置（如起点和终点的空间坐标）和长度，确定设计流量；

(2) 若是开式管网，进行虚拟闭合；

(3) 逐一计算各环路中重力作用形成的作用动力；

(4) 根据各环路中重力作用的大小和管路长度及复杂程度，确定最不利环路，通常是重力作用小、管路长而复杂的环路；

(5) 若压力已定，已定压力与最不利环路的重力作用之和即是最不利环路的资用动力，按合理的分配方案，将资用动力分配给最不利环路的每一管段，根据每一管段的设计流量和分配到的资用动力，确定该管段的断面尺寸；若压力未定，按照设计流量和合理的管内流速确定每一个管段的断面尺寸，计算流动阻力，得到最不利环路的总阻力，扣除重力作用动力后，得到所需的压力；

(6) 计算其他环路独用管路的资用动力；

(7) 按合理的方案，将资用动力分配给独用管路的每一管段；

(8) 按所分资用动力和设计流量，根据“压损平衡”，确定各独用管段的断面尺寸。

应注意不同流体的枝状管网水力计算的主要区别在于比摩阻的计算公式及其计算图表不同，不可乱用。

4-23 如图 4-2 所示管网，输送含轻矿物粉尘的空气。按照枝状管网的通用水力计算方法对该管网进行水力计算，环境空气温度 20℃，大气压力 101325Pa。

答：主要计算步骤如下：

(1) 对管网进行虚拟闭合，如图 4-3 所示；

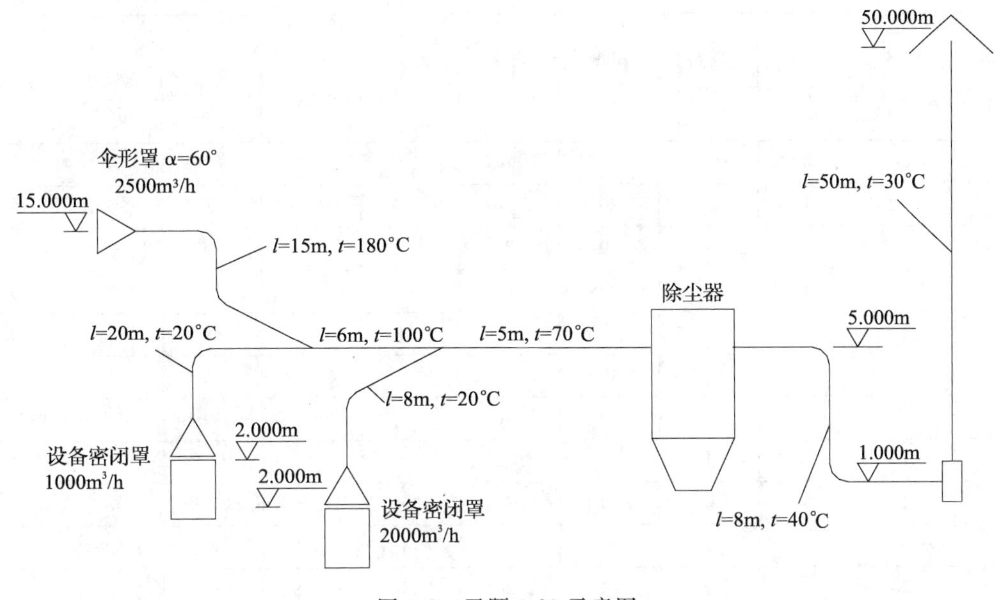

图 4-2　习题 4-23 示意图

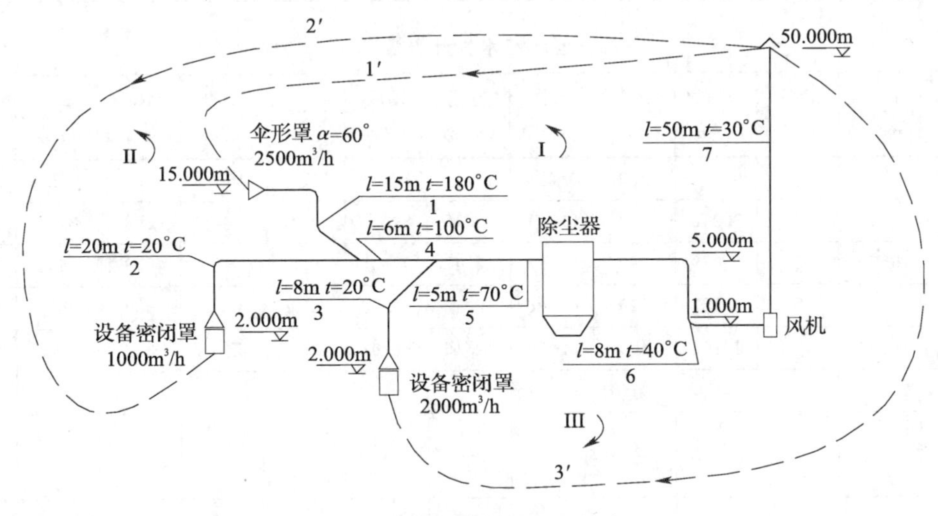

图 4-3　枝状管网的虚拟闭合

(2) 计算环路 I、II、III 中重力作用形成的作用压力，见表 4-3；

(3) 选环路 I 为最不利环路，按推荐流速确定所属管段的直径并计算流动阻力。根据阻力计算结果确定需用压力（风机暂不选择），见表 4-4；

(4) 按式（4-4-3）计算环路 II、III 的资用动力；按式（4-4-5）计算环路 II 的独用管路（管段 2）、环路 III 的独用管路（管段 3）的资用动力，见表 4-4；

(5) 按压损平衡原理，确定管段 2 和 3 的断面尺寸，并计算流动阻力和压损平衡水平。管段 2 和管段 3 的压损不平衡率分别是 4.48% 和 12.28%，已满足工程实际要求。若此压损平衡水平达不到工程要求，需调整管径，重新进行计算，直至满足要求。

重力作用形成的压力 **表 4-3**

管段编号	环路 I	环路 II	环路 III	温度 (℃)	密度 (kg/m³)	高差 (m)	管段热压 (Pa)	环路 I 热压 (Pa)	环路 II 热压 (Pa)	环路 III 热压 (Pa)
1	1	0	0	180	0.779	10	76.40	76.40	0	0
2	0	1	0	20	1.204	−3	−35.43	0	−35.43	0
3	0	0	1	20	1.204	−3	−35.43	0	0	−35.43
4	1	1	1	100	0.946	0	0	0	0	0
5	1	1	1	70	1.028	0	0	0	0	0
6	1	1	1	40	1.127	4	44.19	44.19	44.19	44.19
7	1	1	1	30	1.164	−49	−559.64	−559.64	−559.64	−559.64
除尘器	1	1	1	70	1.028	0	0	0	0	0
1′	1	0	0	20	1.204	35	413.38	413.38	0	0
2′	0	1	0	20	1.204	48	566.92	0	566.92	0
3′	0	0	1	20	1.204	48	566.92	0	0	566.92
合计								−25.67	16.04	16.04

各环路水力计算表 **表 4-4**

管段编号	流量 (m³/h)	管长 (m)	密度 (kg/m³)	直径 (mm)	面积 (mm²)	流速 (m/s)	动压 (Pa)	ζ	ΔP_j (Pa)	R_m (Pa/m)	ΔP_y (Pa)	ΔP (Pa)
1	2500	15	0.779	250	0.049	14.15	77.96	0.6	46.78	7.5	112.5	159.28
4	3500	6	0.946	300	0.071	13.75	89.49	−0.05	−4.47	5.8	34.8	30.33
5	5500	5	1.029	380	0.113	13.47	93.35	0.6	56.01	3.9	19.5	75.51
6	5500	8	1.127	400	0.126	12.16	83.32	0.47	39.16	3.2	25.6	64.76
7	5500	50	1.165	400	0.126	12.16	86.07	0.6	51.64	3.2	160	211.64
除尘器												1200
环路 I 总阻力												1741.52
环路 I 资用压力												1765.69
支路 2	1000	20	1.204	170	0.023	12.24	90.19	0.6	54.11	6.9	138	192.11
	环路 II 的独用管路（管段 2）资用压力=159.28+25.67+16.06=201.01Pa 阻力不平衡率=$\left\|\frac{201.01-192.11}{201.01}\right\|\times100\%=4.43\%$											
支路 3	2000	8	1.204	220	0.038	14.61	128.62	1.41	181.35	9.8	78.4	259.75
	环路 III 的独用管路（管段 3）资用压力=159.28+30.33+25.6725.67+16.06=231.34Pa 阻力不平衡率=$\left\|\frac{231.34-259.75}{231.34}\right\|\times100\%=12.28\%$											

第5章　泵与风机的理论基础

学习要点：

5.1　离心式泵与风机的基本结构

（1）离心式风机的基本结构

离心式风机主要由叶轮、机壳、进气箱、前导器、扩散器等部件组成。了解各部件形式及其作用。

根据叶片出口角的不同，叶轮的叶片有前向、径向、后向三种。

（2）离心式泵的基本结构

离心式泵主要由叶轮、泵壳、泵座、轴封装置等部件组成。

注意离心式泵与风机基本结构的共同点与不同点。

5.2　离心式泵与风机的工作原理与性能参数

掌握离心式泵与风机的工作原理。

工程中常有的离心式泵与风机的性能参数主要有：流量、泵的扬程或风机的全压、有效功率、轴功率、效率、转速。注意各参数的物理意义、单位及英文字母表示方法。

5.3　欧拉方程

欧拉方程表达的是理想条件下单位重量流体的能量增量与流体在叶轮中运动的关系。

流体在叶轮中运动的速度三角形。重点掌握叶片进口和出口处的速度三角形。在绘制速度三角形时，还常用到圆周速度 u 与转速 n、径向分速度 v_r、叶轮流量 Q_T 之间的关系。

欧拉方程的4个基本假定。

欧拉方程：$H_{T\infty}=\frac{1}{g}\ (u_{2T\infty}\cdot v_{u2T\infty}-u_{1T\infty}v_{u1T\infty})$

在满足4个基本假定的条件下，欧拉方程表明：流体在叶轮中所获得的理论扬程 $H_{T\infty}$，仅与流体在进出口的速度三角形有关，与流动过程无关，与被输送流体的种类无关。应注意此时 $H_{T\infty}$ 是被输送流体柱的高度。

推导欧拉方程的后两个假定应做修正，分别用环流系数和效率修正。了解轴向涡流的概念。

理解欧拉方程的物理意义。

5.4　泵与风机的损失与效率

流动损失与流动效率、泄露损失与泄露效率、轮阻损失与轮阻效率。

有效功率、内功率、轴功率；内效率、机械传动效率、静压效率。泵与风机匹配电机功率。

5.5 性能曲线及叶型对性能的影响

理论性能曲线公式：$H_T = A - B\cot\beta_2 \cdot Q_T$

三种叶型的 $H_T - Q_T$、$N_T - Q_T$ 曲线特点及其对工程应用的指导意义。

叶型对离心式泵与风机性能的影响分析。

泵与风机实际性能曲线——考虑了泵与风机内部的各种能量损失。注意不同叶型离心式泵与风机实际性能曲线的特点。

5.6 相似律与比转数

（1）离心式泵与风机流动过程相似的条件

（2）相似工况的概念、相似律及其应用

相似律是相似工况点对应的工作参数之间的关系式。理解相似工况及相似律应注意两点：1）两个工作状况点对应的流动过程相似，则这两个工况为相似工况，它们的对应工作参数（流量、全压、功率、效率）之间满足相似律关系式；2）若两个工况对应的工作参数之间满足相似律关系式，则此两个工况为相似工况，对应的流动过程必然相似。

（3）比转数

比转数的概念、比转数的物理意义、比转数的应用。

（4）泵与风机的无因次性能曲线

无因次性能曲线的概念、获取方法、用途。

5.7 其他常用泵与风机

了解轴流式风机、贯流式风机、斜流式风机、真空泵与风机、往复式泵、深井泵与潜水泵、旋涡泵的结构特点、工作原理、应用范围。

习题精解：

5-1 离心式泵与风机的基本结构由哪几部分组成？每部分的基本功能是什么？

答：（1）离心式风机的基本结构组成及其基本功能：

1）叶轮。一般由前盘、中（后）盘、叶片、轴盘组成，其基本功能是吸入流体，对流体加压并改变流体流动方向。

2）机壳。由涡壳、进风口和风舌等部件组成。蜗壳的作用是收集从叶轮出来的气体，并引导到蜗壳的出口，经过出风口把气体输送到管道中或排到大气中去。进风口又称集风器，它保证气流能均匀地充满叶轮进口，使气流流动损失最小。

3）进气箱。进气箱一般只使用在大型的或双吸的离心式风机上，其主要作用是使轴承装于风机的机壳外边，便于安装与检修，对改善锅炉引风机的轴承工作条件更为有利。对进风口直接装有弯管的风机，在进风口前装上进气箱，能减少因气流不均匀进入叶轮产生的流动损失。

4）前导器。一般在大型离心式风机或要求特性能调节的风机的进风口或进风口的流道内装置前导器。改变前导器叶片的角度，能扩大风机性能、使用范围和提高调节的经济性。大型风机或要求性能调节风机用，扩大风机性能，使用范围和提高调节的经济性。

(2) 离心式水泵的基本结构组成及其基本功能：

1) 叶轮。吸入流体，对流体加压。

2) 泵壳。汇集引导流体流动，泵壳上螺孔有充水和排气的作用。

3) 泵座。用于固定泵，连接泵与基座。

4) 轴封装置。用于密封泵壳上的轴承穿孔，防止水泄漏或大气渗入泵内。

5-2 离心式泵与风机的工作原理是什么？主要性能参数有哪些？

答：离心式泵与风机的工作原理是：当泵与风机的叶轮随原动机的轴旋转时，处在叶轮叶片间的流体也随叶轮高速旋转，此时流体受到离心力的作用，经叶片间出口被甩出叶轮。这些被甩出的流体挤入机（泵）壳后，机（泵）壳内流体压强增高，最后从导向泵或风机的出口排出。与此同时，叶轮中心由于流体被甩出而形成真空，外界的流体沿泵或风机的进口被吸入叶轮。如此源源不断地输送流体，泵（风机）不断将电机电能转变的机械能，传递给流体，传递中有能量损失。

主要性能参数有：扬程 H（全压 P）、流量 Q、有效功率 N_e、轴功率 N、转速 n、效率 η 等。

5-3 欧拉方程的理论依据和基本假定是什么？实际的泵与风机不能满足基本假定时，会产生什么影响？

答：欧拉方程的理论依据是动量矩定理，即质点系对某一转轴的动量对时间的变化率等于作用于该质点系的所有外力对该轴的合力矩。

欧拉方程的4点基本假定是：

(1) 流动为恒定流；

(2) 流体为不可压缩流体；

(3) 叶轮的叶片数目为无限多，叶片厚度为无限薄；

(4) 流动为理想过程，泵和风机工作时没有任何能量损失。

上述假定中的第（1）点只要原动机转速不变是基本上可以保证的；第（2）点对泵是完全成立的，对建筑环境与设备工程专业常用的风机也是近似成立的；第（3）点在实际的泵或风机中不能满足。叶道中存在轴向涡流，导致扬程或全压降低，且电机能耗增加，效率下降；第（4）点也不能满足，流动过程中存在各种损失，其结果是流量减小，扬程或全压降低，流体所获得的能量小于电机耗能量，泵与风机的效率下降。

5-4 欧拉方程指出，泵或风机所产生的理论扬程 H_T 与流体种类无关，这个结论如何理解？在工程实践中，泵在启动前必须向泵壳内充水以排除空气，否则水泵就抽不上水来，这不与上述结论予盾吗？

答：泵与风机的理论扬程是指在理想条件下单位重量流体获得的能量增量。它与流体种类无关，是指无论输送水还是空气，只要叶片进出口的速度三角形相同，都可以得到相同的液柱和气柱高度的扬程。虽然高度值相同，但因被输送流体密度不同，能量增量的值是有很大差异的，这正可解释泵启动前必须向泵壳内充水以排除空气的原因。

5-5 写出由出口安装角 β_2 表示的理论曲线方程 $H_T=f_1(Q_T)$，$N_T=f_2(Q_T)$，$\eta_T=f_3(Q_T)$；分析前向、径向和后叶型的性能特点。当需要高扬程，小流量时宜选什么叶型？

当需要低扬程、大流量时不宜选什么叶型？

答：$H_T = A - B \cdot \cot\beta_2 \cdot Q_T$

其中，$A=\frac{u_2^2}{g}$，$B=\frac{u_2}{g\varepsilon\pi D_2 b_2}$，ε 为叶片排挤系数，它反映了叶片厚度对流道过流面积的遮挡程度；

$$N_T = rQ_T\ (A - BQ_T\cot\beta_2) = CQ_T - D\cot\beta_2 Q_T^2$$

其中，$C=r \cdot A$，$D=r \cdot B$

$$\eta_T = \frac{N_e}{N} = \frac{N_T}{N} = \frac{1}{N}\ [CQ_T - D\ (\tan\beta_2 Q_T^2]$$

几种叶型的性能特点分析比较：

（1）从流体所获得的扬程看，前向叶片最大，径向叶片稍次，后向叶片最小；

（2）从效率观点看，后向叶片最高，径向叶片居中，前向叶片最低；

（3）从结构尺寸看，在流量和转速一定时，达到相同的压力前提下，前向叶轮直径最小，而径向中轮直径稍次，后向叶轮直径最大；

（4）从工艺观点看，直叶片制造最简单。

当需要高扬程，小流量时宜选前向型叶片；需低扬程、大流量时宜选后向型叶片。

5-6 简述不同叶型对风机性能的影响，并说明前向叶型的风机为何容易超载？

答：通常所说的叶片形式，一般是按叶片出口安装角度 β_2 的大小来区分的。叶片 $\beta_2 > 90°$，为前向型叶片；$\beta_2 < 90°$，为后向型叶片；$\beta_2 = 90°$，为径向型叶片。从流体所获得的全压看，前向叶片最大，径向叶片稍次，后向叶片最小；从效率观点看，后向叶片最高，径向叶片居中，前向叶片最低；从叶轮的结构尺寸看，在流量和转速一定时，达到相同压力的前提下，前向叶轮直径最小，而径向中轮直径稍次，后向叶轮直径最大。

在理想条件下，有效功率就是轴功率，即 $N_e = N_T = \gamma Q_T H_T$，当输送某种流体时，$\gamma$= 常数，将 H_T 与 Q_T 的关系代入，可得：

$$N_T = \gamma Q_T\ (A - BQ_T\cot\beta_2) = CQ_T - D\cot\beta_2 Q_T^2$$

根据上式，前向、径向、后向三种叶型的理论轴功率与流量之间的变化关系如图 5-1 所示，定性地说明了不同叶型的风机轴功率与流量之间的变化关系。从图中的 $N_T - Q_T$ 曲线可以看出，前向叶型的风机所需的轴功率随流量的增加而增长得很快，因此，这种风机在运行中增加流量时，原动机超载的可能性要比径向叶型风机的大得多，而后向叶型的风机几乎不会发生原动机超载的现象。

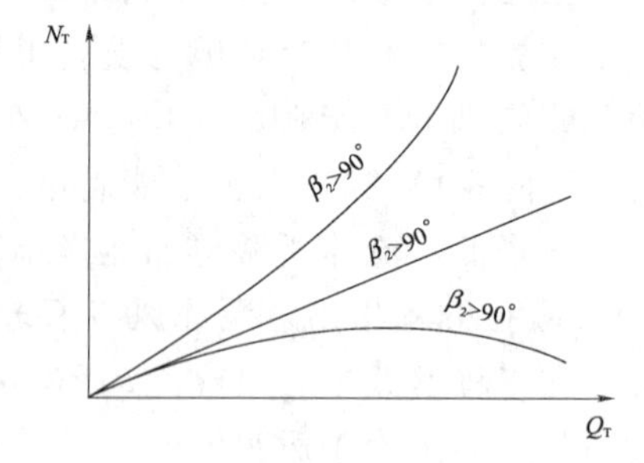

图 5-1 三种叶型的 $N_T - Q_T$ 曲线

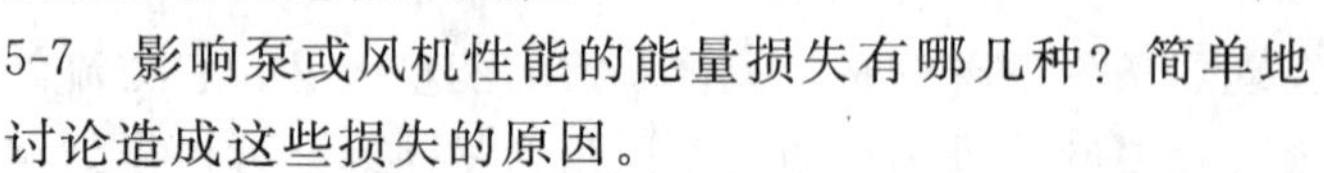

5-7 影响泵或风机性能的能量损失有哪几种？简单地讨论造成这些损失的原因。

答：以离心式泵与风机为例，它们的能量损失大致可分为流动损失、泄漏损失、轮阻损失和机械损失等。

（1）流动损失。流动损失的根本原因在于流体具有黏滞性。泵与风机的通流部分从进口到出口由许多不同形状的流道组成。首先，流体流经叶轮时由轴向转变为径向，流体在叶片入口之前，由于叶轮与流体间的旋转效应存在，发生先期预旋现象，改变了叶片传给流体的理论功，并且使进口相对速度的大小和方向改变，使理论扬程下降；其次，因种种原因泵与风机往往不能在设计工况下运转，当工作流量不等于设计流量时，进入叶轮叶片流体的相对速度的方向就不再同叶片进口安装角的切线相一致，从而对叶片发生冲击作用，形成撞击损失；此外，在整个流动过程中一方面存在着从叶轮进口、叶道、叶片扩压器到蜗壳及出口扩压器沿程摩擦损失，另一方面还因边界层分离，产生涡流损失。

（2）泄漏损失。泵与风机静止元件和转动部件间必然存在一定的间隙，流体会从泵与风机转轴与蜗壳之间的间隙处泄漏，称为外泄漏。离心式泵与风机的外泄漏损失很小，一般可略去不计。但当叶轮工作时，机内存在着高压区和低压区，蜗壳靠近前盘的流体，经过叶轮进口与进气口之间的间隙，流回到叶轮进口的低压区而引起的损失，称为内泄漏损失。此外，对离心泵来说为平衡轴向推力常设置平衡孔，同样引起内泄漏损失。由于泄漏的存在，既导致出口流量降低，又无益地耗功。

（3）轮阻损失。因为流体具有黏性，当叶轮旋转时引起了流体与叶轮前、后盘外侧面和轮缘与周围流体的摩擦损失，称为轮阻损失。

（4）机械传动损失。这是由于泵与风机的轴承与轴封之间的摩擦造成的。

5-8　利用电机拖动的离心式泵或风机，常关闭阀门，在零流量下启动，试说明理由。使泵或风机在零流量下运行，这时轴功率并不等于零，为什么？是否可以使风机或泵长期在零流量下工作？原因何在？

答：（1）对于离心式泵或风机，从它们的功率 N 随流量 Q 的变化关系曲线看，在零流量时的轴功率最小，符合电动机轻载启动的要求，从它们的全压 H 随流量 Q 的变化关系曲线看，获得的全压最大，因此一般采用关闭压水（气）管上的阀门，即采用所谓“闭闸启动”。待电机运转正常后，压力表达到预定的数值时，再逐步开启阀门。

（2）水泵或风机在零流量下运行，由于还存在轮阻摩擦及轴承与轴之间的各种机械摩擦损失，因此轴功率并不等于零，而是有设计轴功率的30%～40%左右。

（3）零流量工作时的轴功率消耗于各种机械损失上，其结果将使泵（机）壳内流体温度上升，泵（机）壳发热，严重时还会导致泵（机）壳、轴承等构件发生热力变形，因此一般只允许短时间内在零流量下运行。

5-9　简述相似律与比转数的含义和用途，指出两者的区别。

答：相似律是指：当几何相似的两台泵（或风机）的工况，满足流量系数相等（即速度三角形相似），以及雷诺数相等（或处于雷诺自模区）的条件时，它们的流动过程相似，对应的运行工况称为相似工况。在相似工况下，它们的全压系数、功率系数与效率彼此相等，性能参数之间存在如下相似换算关系。

全压换算：$\dfrac{P}{P'}=\dfrac{\rho}{\rho'}\left(\dfrac{D_2}{D'_2}\right)^2\left(\dfrac{n}{n'}\right)^2$

流量换算：$\dfrac{Q}{Q'}=\left(\dfrac{D_2}{D'_2}\right)^3\dfrac{n}{n'}$

功率换算：$\dfrac{N}{N'}=\dfrac{\rho}{\rho'}\left(\dfrac{D_2}{D'_2}\right)^5\left(\dfrac{n}{n'}\right)^3$

相似律的用途主要是进行几何相似的泵（或风机）相似工况之间的性能换算；可以用

无因次性能曲线反映一系列几何相似的泵（或风机）的性能。

两个几何相似的泵与风机，它们在最高效率点的性能参数 Q、P、n 组成的综合特性参数 $n\dfrac{Q^{\frac{1}{2}}}{P^{\frac{3}{4}}}$ 称为比转数，相似泵（或风机）的比转数相等。比转数的用途有：

（1）比转数反映了某系列泵或风机的性能特点。比转数大，表明其流量大而压头小，比转数小则表明其流量小而压头大。

（2）比转数反映了某系列泵或风机的结构特点。比转数越大，流量系数越大，叶轮的出口宽度 b_2 与其直径 D_2 之比就越大，比转数越小，流量系数越小，则相应叶轮的出口宽度 b_2 与其直径 D_2 之比就越小。

（3）比转数可以反映性能曲线的变化趋势。低比转数的泵或风机的 $Q-H$ 曲线比较平坦，$Q-N$ 曲线较陡，即机器的轴功率随流量增大上升较快，而 $Q-\eta$ 曲线则较平坦。低比转数的泵与风机则与此相反。$Q-H$ 曲线较陡，H 随 Q 增大下降较快，$Q-N$ 上升较缓，当比转数大到一定程度时，$Q-H$ 曲线会出现 S 形状，$Q-N$ 曲线甚至随 Q 增大而下降。

（4）比转数可用于泵或风机的相似设计。

（5）比转数还可用于指导泵与风机的选型。当已知泵或风机所需的流量和压头时，可以组合原动机的转速计算需要的比转数，从而初步确定泵或风机的型号。

5-10　无因次性能曲线何以能概括大小不同、工况各异的同一系列泵或风机的性能？应用无因次性能曲线要注意哪些问题？

答：同一系列泵或风机是指一系列几何相似的泵或风机。它们在一定的转速范围内，如果流量系数 $\overline{Q}$ 相等，则入口速度三角形相似，即这一系列泵或风机在该流量系数下的工况是相似工况，各泵（或风机）的性能参数满足相似律换算关系，它们的全压系数 $\overline{P}=\dfrac{P}{\rho u_2^2}$、功率系数 $\overline{N}=\dfrac{\overline{PQ}}{\eta}$、效率 η 相等，在以流量系数 $\overline{Q}$ 为横坐标、$\overline{P}$、$\overline{N}$、η 为纵坐标的图上，各台泵（或风机）的参数点（$\overline{Q}-\overline{P}$）、（$\overline{Q}-\overline{N}$）、（$\overline{Q}-\eta$）重合。按此对各台泵（或风机）的性能曲线进行无因次化，它们的无因次性能曲线（$\overline{Q}-\overline{P}$）、（$\overline{Q}-\overline{N}$）、（$\overline{Q}-\eta$）在以流量系数 $\overline{Q}$ 为横坐标图上将会重合。因此，无因此性能曲线能够概括同一系列泵或风机的性能。

应用无因此性能曲线时应注意，一是在推导泵与风机的相似律时忽略了一些次要因素，如内表面粗糙度不完全相似、轮阻损失和泄漏损失不完全相似等，对于同一系列的泵与风机，如果尺寸大小相差过分悬殊，则会引起较大误差。如 4-72-11NO.5 型和 4-72-11NO.20 型风机，就不能应用相同的无因次性能曲线。另外，根据无因次性能曲线查出的是无因次量，并不能直接使用，在实际应用时，应根据泵或风机的实际尺寸、转速，将其换算成有因次量。

5-11　离心式泵或风机相似的条件是什么？什么是相似工况？两台水泵（风机）达到相似工况的条件是什么？

答：离心式泵与风机相似的条件是：（1）几何相似。即一系列的泵（或风机）的各过流部件相应的线尺寸（同名尺寸）间的比值相等，相应的角度也相等。（2）动力相似。在泵与风机内部，主要考虑惯性力和黏性力的影响，故要求对应点的惯性力与黏性力的比值相等，即雷诺数相等。而当雷诺数很大，对应的流动状况均处于自模区时，则不要求雷诺数相等。(3) 运动相似。对于几何相似的泵（或风机），如果雷诺数相等或流动处于雷诺自模区，则在叶片入口速度三角形相似，也即流量系数相等时，流动过程相似。当两泵（或风机）的流动过程相似时，对应的工况为相似工况。在上述条件下，不同的泵（或风机）的工况为相似工况，性能参数之间满足相似律关系式。

5-12　应用相似律应满足什么条件？“相似风机不论在何种工况下运行，都满足相似律”。“同一台泵或风机在同一个转速下运转时，各工况（即一条性能曲线上的多个点）满足相似律”。这些说法是否正确？

答：应用相似律应满足的条件是泵（或风机）的工况为相似工况。即要求泵（或风机）几何相似、雷诺数相等（或流动均处于雷诺自模区）、流量系数相等。根据相似律应用的条件，“相似风机不论在何种工况下运行，都满足相似律”这种说法显然是错误的，“同一台泵或风机在同一个转速下运转时，各工况（即一条性能曲线上的多个点）满足相似律”的说法也不正确。因为一条性能曲线上的多个工况点之间无法达到流量系数相等，即叶片入口速度三角形不相似，流动过程不相似。

5-13　离心式泵与风机的无因次性能曲线和有因次性能曲线有何区别和共性？

答：(1) 共性：1) 均反映了泵（或风机）的各主要参数之间的变化关系；

2) 无因次的$\overline{Q}-\overline{P}$、$\overline{Q}-\overline{N}$、$\overline{Q}-\eta$性能曲线与有因次的$Q-P$、$Q-N$、$Q-\eta$性能曲线趋势相似。

(2) 区别：1) 应用对象及范围不同。无因次性能曲线应用于大小不同、转速不等的同一系列泵或风机；有因次性能曲线应用于一定转速，一定尺寸的泵（或风机），对单体泵、风机的不同运行工况适用。

2) 无因次性能曲线上查得的性能参数不能直接使用，需要根据泵（或风机）的转速、尺寸换算成有因次量之后才能使用。

5-14　怎样获取泵与风机的实际性能曲线？

答：泵或风机的实际性能曲线应通过实验获得，即在专门的实验装置上，按照规定的实验步骤进行实验获得。这些实验装置和实验步骤有国家规定的统一标准，其目的是尽量避免泵或风机运行的外部条件对其性能参数造成影响，而主要反映泵或风机本身的性能。实验中，主要通过改变运行流量，测定相应的扬程或全压、功率，同时测定流体的密度，从而获得扬程或全压、功率、效率等参数随流量的变化关系。

5-15　为什么风机性能实验要求在风机进口前保证一定的直管长度，并设置阻尼网、蜂窝器等整流装置？如果没有足够的直管长度和整流装置，测出的性能会发生怎样的变化？

答：风机性能实验要求在风机进口前保证一定的直管长度（大于 6 倍风机进口直径），并设置阻尼网的主要作用是使进口气流均匀、稳定，设置蜂窝器可以将气流中的大旋涡变成小旋涡，还可对气流进行梳直导向。这样可以减小进口流动条件对风机性能的影响。

如果没有足够的直管长度和整流装置，在相同流量下测出的风机全压将会降低，风机有效功率下降，效率也会降低。

5-16　简述其他常用的泵与风机的性能特点与适用条件。

答：(1) 轴流式风机。它们的性能特点是：1) Q-P 曲线大都属于陡降型曲线；2) Q-N 曲线在流量为零时 N 最大，当 Q 增大时，P 下降快，致使轴流风机在零流量下启动时 N 最大，轴流风机所配电机要有足够的余量；3) Q-η 曲线在 η 最高点附近迅速下降。

轴流式风机应用于大型电站、大型隧道、矿井等通风、引风装置，还用于厂房、建筑物的通风换气、空气调节、冷却塔通风、锅炉鼓风引风、化工、风洞风源等。

（2）惯流式风机。它们的性能特点是：1）叶轮转子细长、薄，通过叶轮转子长度可控制改变 Q；2）出口动压 P_d 较高，气流不乱，可获扁平而高速的气流，且气流到达距离较长；3）全压较大，Q-P 曲线呈驼峰型，η 较低（30%～50%）。贯流式风机广泛应用在低压通风换气、空调、车辆和家庭电器等设备上。

（3）混（斜）流式风机。它们的性能特点是：1）气流偏转角 $\Delta\beta$ 较大；2）$V_{2m}>V_{1m}$；3）静压项比轴流风机多 $\frac{u_2^2-u_1^2}{2g}$ 项；4）气流出口动压 P_d 大；5）动叶本身不能调整，需借助于叶轮前的可调前导叶调整。混（斜）流式风机应用于风量较大、风压较高的送排风系统。

（4）真空泵与空压机。经常用于真空或气力输送系统中保持管路一定的真空度，或用于有吸升式吸入管段的大型泵装置中，在启动时用来抽气补水。真空泵在工作时不断补充水，用来保证形成水环带走摩擦引起的热量。

（5）往复式泵。属于容积式泵，在压头变化较大时能够维持比较稳定的流量。往复泵多用于小流量、高扬程的情况下输送黏性大的液体，也常用在锅炉房中常用作补水泵。

（6）深井泵与潜水泵。深井泵是立式多级泵，潜水泵将电机与水泵装置在一起沉入液体里工作，省去了泵座及传动轴。该类水泵一般用于深井下和作为水下工作泵。

（7）旋涡泵。具有小流量、高扬程、低效率的特点，且只需在第一次运转前充液，大多应用于小型锅炉给水及输送无腐蚀性、无固体杂质的液体。

5-17　叶轮进口直径 $D_1=200$mm，安装角 $\beta_1=90°$，流体相对于叶片的流速为 5m/s；叶轮出口直径 $D_2=800$mm，叶片安装角 $\beta_2=45°$，流体相对于叶片的速度是 10m/s；叶轮转速为 900r/min。作出叶轮进出口速度三角形。若叶轮出口宽度为 150mm，计算叶轮流量。入口工作角为多少时，理论扬程最大？本题的叶轮运行条件怎样改进才能实现该工作角角度？排挤系数近似为 1。

解：

$$u=\omega\pi d=\frac{n}{60}\pi d$$

$$u_1=\frac{900}{60}\cdot\pi\cdot 0.2=3\pi\text{m/s}=9.42\text{m/s}$$

$$u_2=\frac{900}{60}\cdot\pi\cdot 0.8=37.7\text{m/s}$$

出口速度三角形如图 5-2 所示。

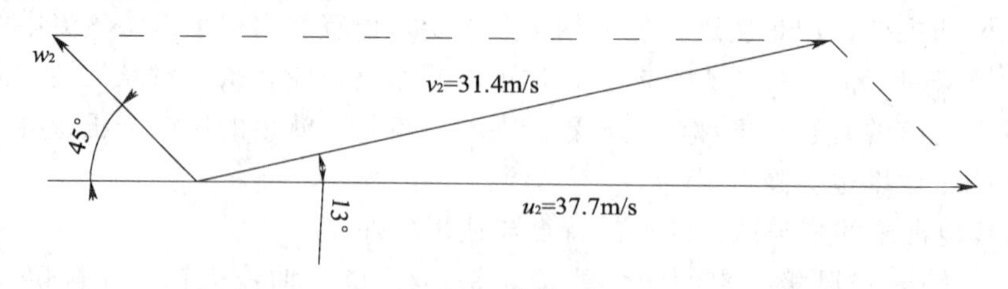

图 5-2　出口速度三角形

由三角关系计算 $v_2=31.4\text{m/s}$

$$\alpha_2=\arccos\left[\frac{37.7^2+31.4^2-10^2}{2\times37.7\times31.4}\right]=12.96°$$

$$v_{r2}=v_2\sin\alpha_2=7.04\text{m/s}$$

$$Q_T=v_rF_2=v_r\cdot\pi D_2\cdot b\cdot\varepsilon=7.04\times\pi\times0.8\times0.15=2.65\text{m}^3/\text{s}=9550\text{m}^3/\text{h}$$

或者直接由

$$Q_T=v_{r2}\cdot F_2=w_2\cdot\sin\beta_2\cdot\pi D_2b\cdot\varepsilon=10\times\sin45°\times\pi\times0.8\times0.15$$
$$=2.67\text{m}^3/\text{s}=9612\text{m}^3/\text{h}$$

由理论扬程计算公式

$$H_{T\infty}=\frac{1}{g}\ (u_2v_{2T\infty}-u_1v_{1T\infty})$$

当 $u_1v_{1,T\infty}=0$ 时，$H_{T\infty,\max}=\frac{1}{g}u_2v_{2T\infty}$，此时理论扬程最大。因为 $v_{1T\infty}\neq0$，需要满足 $u_1=0$，根据入口速度三角形，只有 $\alpha_1=90°$ 时才能实现 $u_1=0$，此时 v_1 和 w_1 方向重合，气流平行于入口叶片，因此调整 $\beta_1=0°$，可使 $\alpha_1=90°$。

5-18　一台普通风机 $n=1000\text{r/min}$ 时，性能如表 5-1 所示，应配备多少功率电机？

风机性能表　　表 5-1

全压（Pa）	2610	2550	2470	2360	2210	2030	1830
流量（m^3/h）	47710	53492	59276	65058	70841	76624	82407
全效率（%）	82.6	87.5	88.2	89.0	88.0	85.7	80.4

解：由式

$$N=\frac{PQ}{1000\eta}$$

求出该风机在各工况点下的功率如表 5-2 所示。

风机在各工况点下的功率汇总表　　表 5-2

全压（Pa）	2610	2550	2470	2360	2210	2030	1830
流量（m^3/h）	47710	53492	59276	65058	70841	76624	82407
流量（m^3/s）	13.25	14.86	16.47	18.07	19.68	21.28	22.89
全效率 η	82.6	87.5	88.2	89.0	88.0	85.7	80.4
功率 N（kW）	41.88	43.31	46.12	47.92	49.42	50.4	52.10

以各工况下最大的 N 为选择电机的依据；参考教材表 5-4-1，确定电机容量储备系数 K，取 $K=1.15$，所配电机 $N_M=1.15\times52.10=60\text{kW}$，即取定 60kW 电机。

5-19　5-18 题那台风机，当转速提到 $n=1500\text{r/min}$ 和降到 $n=700\text{r/min}$ 时，性能如何变化？列出性能表。分别应配备多大功率的电机？

解：由题意，叶轮直径 D 和密度 ρ 不变，各相似工况点满足

$$\frac{Q}{Q'}=\frac{n}{n'}$$

$$\frac{P}{P'}=\left(\frac{n}{n'}\right)^2$$

由两式分别计算改变转速后风机的性能，列于表 5-3 中：

当 n=1500r/min 时风机的性能参数 **表 5-3 (a)**

全压（Pa）	4860	5737.5	5557.5	5310	4972.5	4567.5	4117.5
流量（m^3/h）	71565	80238	88914	97587	106261.5	114936	123610.5
全效率（%）	82.6	87.5	88.2	89.0	88.0	85.7	80.4
功率（kW）	117.0	146.1	155.6	161.7	166.8	170.2	175.8

取 K=1.15，N_M=1.15×175.8=202.2kW，按电机系列可配 N_m=200kW。

当 n=700r/min 时风机的性能参数 **表 5-3 (b)**

全压（Pa）	1278.9	1249.5	1210.3	1156.4	1082.9	994.7	896.7
流量（m^3/h）	33397	37444.4	41493.2	45540.6	49588.7	53636.8	57684.9
全效率（%）	82.6	87.5	88.2	89.0	88.0	85.7	80.4
功率（kW）	14.4	14.9	15.8	16.4	17.0	17.3	17.9

取 K=1.15，N_M=1.15×17.9=20.6kW，按电机系列可配 21kW 电机。

5-20 已知 4-72-11No. 6C 型风机在转速为 1250r/min 时的实测参数如表 5-4 所列，求：(1) 各测点的全效率；(2) 绘制性能曲线图；(3) 写出该风机最高效率点的性能参数。计算及图表均要求采用国际单位制。

4-72-11No. 6C 型风机性能参数 **表 5-4**

序号	1	2	3	4	5	6	7	8
H（mmH_2O）	86	84	83	81	77	71	65	59
P（N/m^2）	843.4	823.8	814.0	794.3	755.1	696.3	637.4	578.6
Q（m^3/h）	5920	6640	7360	8100	8800	9500	10250	11000
N（kW）	1.69	1.77	1.86	1.96	2.03	2.08	2.12	2.15

解：(1) 全效率计算公式为

$$\eta=\frac{PQ}{N}$$

各测点全效率计算结果见表 5-5：

测点全效率计算结果汇总表 **表 5-5**

序号	1	2	3	4	5	6	7	8
P（N/m^2）	843.4	823.8	814.0	794.3	755.1	696.3	637.4	578.6
Q（m^3/s）	1.644	1.844	2.044	2.250	2.444	2.639	2.847	3.056
N（kW）	1.69	1.77	1.86	1.96	2.03	2.08	2.12	2.15
η（%）	82.07	85.84	89.47	91.18	90.93	88.34	85.60	82.23

绘制性能曲线图如图 5-3 所示。

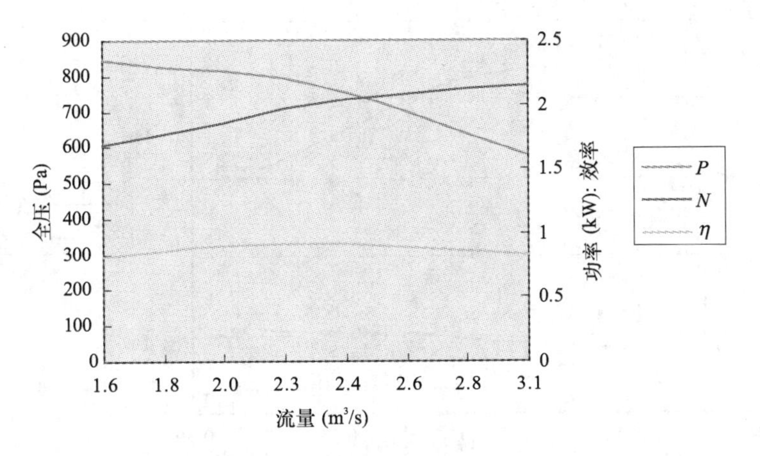

图 5-3　风机性能曲线示意图

（2）该风机最高效率点性能参数如下：

流量 Q=2.250m³/s；全压 P=794.3Pa；功率 N=1.96kW；全效率 η=91.18%。

5-21　根据题 5-20 中已知的数据，试求 4-72-11 系列风机的无因次性能参数，从而绘制该系列风机的无因次性能曲线。计算中叶轮直径 D_2=0.6m。

解：全压系数 $\overline{P}=\dfrac{P}{\rho u_2^2}$；流量系数 $\overline{Q}=\dfrac{Q}{\dfrac{\pi}{4}D_2^2u_2}$；功率系数 $\overline{N}=\dfrac{\overline{P}\overline{Q}}{\eta}$；

$u_2=\dfrac{n\pi D_2}{60}=\dfrac{1250\times\pi\times0.6}{60}=39.27\text{m/s}$。计算结果如表 5-6 所示。

4-72-11 系列风机的无因次性能参数　　**表 5-6**

序号	1	2	3	4	5	6	7	8
P（N/m²）	843.4	823.8	814.0	794.3	755.1	696.3	637.4	578.6
Q（m³/s）	1.644	1.844	2.044	2.250	2.444	2.639	2.847	3.056
N（kW）	1.69	1.77	1.86	1.96	2.03	2.08	2.12	2.15
η（%）	82.07	85.84	89.47	91.18	90.93	88.34	85.60	82.23
流量系数	0.148	0.166	0.184	0.203	0.220	0.238	0.256	0.275
全压系数	0.454	0.444	0.438	0.428	0.407	0.375	0.343	0.312
功率系数	0.082	0.088	0.093	0.101	0.110	0.122	0.103	0.104

4-72-11 系列风机的无因次性能曲线如图 5-4 所示。

5-22　利用上题得到的无因次性能曲线求 4-72-11No.5A 型风机在 n=2900r/min 时的最佳效率点的各性能参数值，并计算该机的比转数 n_s 的值。计算时 D_2=0.5m。

解：根据相似律，4-72-11No.5A 型风机在最佳效率点的流量系数、全压系数和功率系数分别为：$\overline{Q}=0.203$，$\overline{P}=0.428$，$\overline{N}=0.095$。

$u_2=\dfrac{n\pi D_2}{60}=\dfrac{2900\times\pi\times0.5}{60}=75.92\text{m/s}$，则在该工况点，

流量 $Q=\overline{Q}\times\dfrac{\pi}{4}D_2^2u_2=0.203\times\dfrac{\pi}{4}\times0.5^2\times75.92=3.026\text{m}^3/\text{s}$

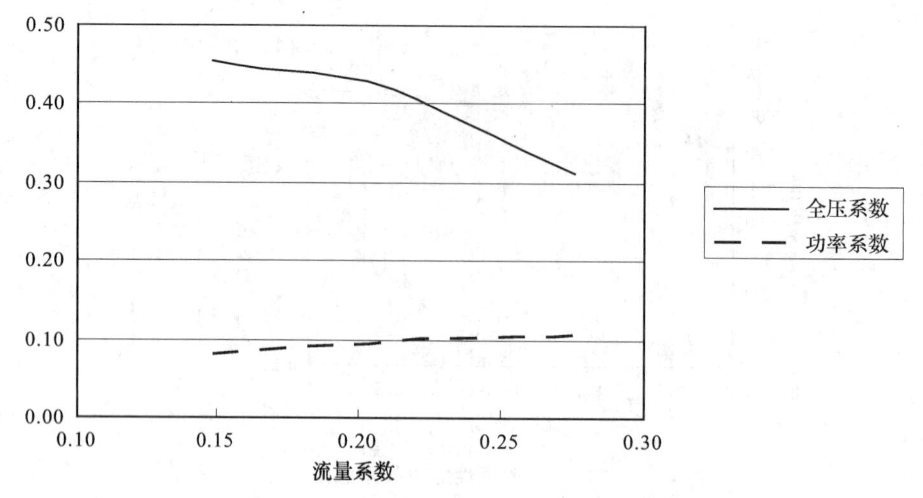

图 5-4　4-72-11 系列风机的无因次性能图

全压 $P=\overline{P}\times\rho u_2^2=0.428\times1.204\times75.92^2=2970.2\text{Pa}$

功率 $N=\overline{N}\times\rho u_2^2\times\dfrac{\pi}{4}D_2^2u_2$

$$=0.095\times1.204\times75.92^2\times\frac{\pi}{4}\times0.5^2\times75.92=9628\text{W}$$

或功率 $N=\dfrac{PQ}{\eta}=\dfrac{2970.2\times3.026}{91.18\%}=9857\text{W}$

比转数 $n_s=n\dfrac{Q^{\frac{1}{2}}}{\left(\dfrac{P}{\rho}\right)^{\frac{3}{4}}}=2900\times\dfrac{3.026^{0.5}}{\left(\dfrac{2970.2}{1.204}\right)^{0.75}}=16.1$

5-23　4-72-11No. 5A 型风机在 $n=2900\text{r/min}$ 时性能参数如下表，利用表中的数据，结合 5-21 题结果验证是否可以用同一无因次性能曲线代表这一系列风机的性能。计算中叶轮直径 $D_2=0.5\text{m}$。

解：各点的流量系数、全压系数、功率系数，（如表 5-7 所示）；绘制无因次性能曲线，见图 5-5。与 5-21 题计算所得的无因次曲线对比，表明可以用同一无因次性能曲线代表这一系列风机的性能。

4-72-11No. 5A 型风机性能参数　　　　**表 5-7**

序号	1	2	3	4	5	6	7	8
H (mmH_2O)	324	319	313	303	290	268	246	224
P (N/m^2)	3177.5	3128.4	3069.6	2971.5	2844.0	2628.3	2412.5	2196.8
Q (m^3/h)	7950	8917	9880	10850	11830	12730	13750	14720
N (kW)	8.52	8.9	9.42	9.9	10.3	10.5	10.7	10.9
η	82.4%	87.1%	89.4%	90.5%	90.7%	88.5%	86.1%	82.4%
流量系数	0.148	0.166	0.184	0.202	0.220	0.237	0.256	0.274
全压系数	0.458	0.451	0.443	0.429	0.410	0.379	0.348	0.317
功率系数	0.082	0.086	0.091	0.096	0.100	0.102	0.104	0.105

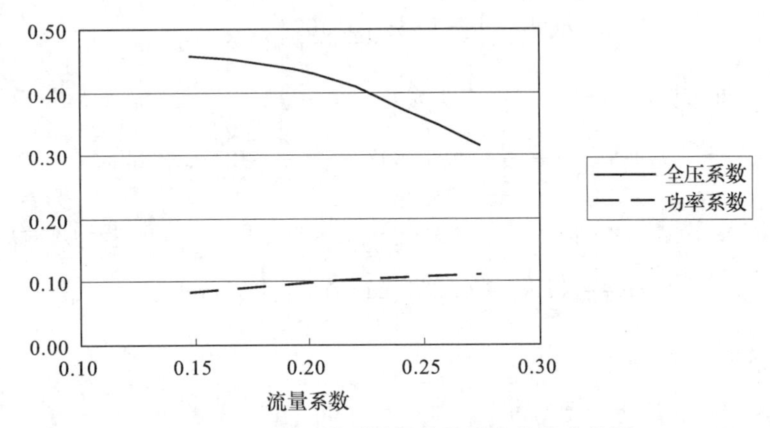

图 5-5　4-72-11 系列风机的无因次性能曲线图

5-24　某单吸单级离心泵，$Q=0.0735\text{m}^3/\text{s}$，$H=14.65\text{m}$，用电机由皮带拖动，测得$n=1420\text{r/min}$，$N=13.3\text{kW}$；后因改为电机直接联动，$n$ 增大为 1450r/min，试求此时泵的工作参数为多少？

解：此时泵的工作参数计算如下：

流量 $Q'=Q\dfrac{n'}{n}=0.0735\times\dfrac{1450}{1420}=0.0751\text{m}^3/\text{s}$

扬程 $H'=H\left(\dfrac{n'}{n}\right)^2=14.65\times\left(\dfrac{1450}{1420}\right)^2=15.28\text{m}$

功率 $N'=N\left(\dfrac{n'}{n}\right)^3=13.3\times\left(\dfrac{1450}{1420}\right)^3=14.16\text{kW}$

效率 $\eta=\dfrac{\rho gQ'H'}{N'}=\dfrac{0.0751\times15.28\times1000\times9.807}{14.16\times1000}=0.795$

5-25　在 $n=2000\text{r/min}$ 的条件下实测以离心式泵的结果为：$Q=0.17\text{m}^3/\text{s}$，$H=104\text{m}$，$N=184\text{kW}$。如有一与之几何相似的水泵，其叶轮比上述泵的叶轮大一倍，在 1500r/min 之下运行，试求在效率相同的工况点的流量、扬程及效率各为多少？

解：此时泵的工作参数计算如下：

流量 $Q'=Q\cdot\left(\dfrac{D_2'}{D_2}\right)^3\cdot\dfrac{n'}{n}=0.17\times2^3\times\dfrac{1500}{2000}=1.02\text{m}^3/\text{s}$

扬程 $H'=H\cdot\left(\dfrac{D_2'}{D_2}\right)^2\cdot\left(\dfrac{n'}{n}\right)^2=104\times2^2\times\left(\dfrac{1500}{2000}\right)^2=234\text{m}$

功率 $N=N\cdot\left(\dfrac{D_2'}{D_2}\right)^5\cdot\left(\dfrac{n'}{n}\right)^3=184\times2^5\times\left(\dfrac{1500}{2000}\right)^3=2484\text{kW}$

效率 $\eta=\dfrac{Q\cdot\rho gH}{N}=\dfrac{0.17\times10^3\times9.807\times104}{184\times10^3}=0.942=\eta'$

5-26　有一转速为 1480r/min 的水泵，理论流量 $Q=0.0833\text{m}^3/\text{s}$，叶轮外径 $D_2=360\text{mm}$，叶轮出口有效面积 $A=0.023\text{m}^2$，叶片出口安装角 $\beta_2=30^\circ$，试作出口速度三角形。假设 $v_{u1}=0$。试计算此泵的理论压头 $H_{T\infty}$。设涡流修正系数 $k=0.77$，理论压头 H_T 为多少？（提示：先求出口绝对速度的径向分速 v_{r2}，作出速度三角形。）

解：$v_{r2}=\dfrac{Q}{A}=\dfrac{0.0833}{0.023}=3.622\text{m/s}$

$$u_2=\frac{n\pi D_2}{60}=\frac{1480\times\pi\times0.36}{60}=27.897\text{m/s}$$

出口速度三角形见图 5-6。

$$v_{u2}=u_2-\frac{v_{r2}}{\tan 30^\circ}=27.897-\frac{3.622}{0.577}=21.624\text{m/s}$$

$$H_{T\infty}=\frac{1}{g}\left(u_{2T\infty}\cdot v_{u2T\infty}-u_{1T\infty}\cdot v_{u1T\infty}\right)=\frac{1}{9.807}\left(27.897\times21.624-0\right)=61.51\text{mH}_2\text{O}$$

$$H_T=kH_{T\infty}=0.77\times61.51=47.36\text{mH}_2\text{O}$$

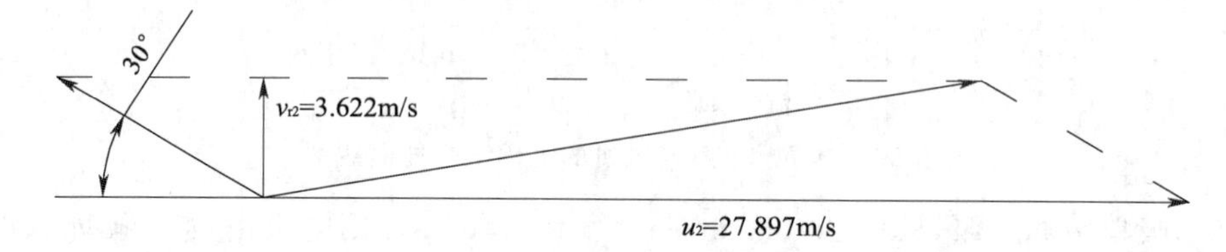

图 5-6　出口速度三角形

第6章　泵、风机与管网系统的匹配

学习要点：

6.1　泵、风机在管网系统中的工作状态点

（1）管网特性曲线

管网的流动阻力特性：$\Delta P = SQ^2$。阻抗 S 与管网几何尺寸、摩擦阻力系数、局部阻力系数、流体密度有关。当这些因素不变时，S 为常数。

管网特性曲线方程：$P_e = P_{st} + \Delta P = P_{st} + SL^2$，它表明了管网中流体流动所需的能量与流量之间的关系。将这一关系在以流量为横坐标、压力为纵坐标的直角坐标图中描绘成曲线，即为管网特性曲线。注意狭义管网特性曲线与广义管网特性曲线的区别。

（2）管网特性曲线的影响因素

决定性的影响因素是阻抗 S，注意分析影响阻抗 S 的各种因素。

（3）管网系统对泵、风机性能的影响

系统效应的概念；产生系统效应的各种原因；工程中减小系统效应的措施。

（4）泵、风机在管网系统中的工作状态点

掌握作图确定泵、风机在管网系统中的工作状态点（运行工况点）的方法；理解泵、风机在管网系统中的工作状态点的物理意义：泵、风机在管网中的工作状态点是由其自身性能和管网特性共同确定的，泵、风机工况点的工作流量即为管网中通过的流量，所提供的能量与管网中流体流动所需的能量相平衡。应注意：泵、风机的性能曲线表明，泵、风机可以在多种不同的流量和压头的工况下工作，但在实际管网系统中运行的任一时刻，它只能工作在性能曲线上的某一点上。

稳定工况和不稳定工况的概念，使泵或风机处于稳定工况的方法；喘振的概念及其防止；系统效应对工况点的影响。

（5）管网系统中泵、风机的联合运行

泵、风机并联工作时联合运行性能曲线的绘制方法；并联工作时系统的工况点、处于并联运行中的各台设备各自的工况点的确定方法；部分设备工作时的工况点的确定方法；并联运行的特点及其工程应用；不同性能的泵与风机并联运行应注意的问题。

串联工作时泵、风机联合运行性能曲线的绘制方法；串联工作时系统总的工况点、处于串联运行中的各台设备各自工况点的确定方法；部分设备工作时工况点的确定方法；串联运行的特点及其工程应用。

6.2 泵、风机的工况调节

(1) 调节管网系统特性

通过调节阀门改变管网阻抗从而调节管网系统特性，是进行泵、风机工况调节最常用的方法。注意为避免泵的气蚀，液体管网管路调节阀通常装在压出管上。对风机吸入口节流可同时改变风机的性能。

掌握由于阀门关小多消耗功率的分析计算方法。

(2) 调节泵、风机的性能

最重要的调节方法是变速调节。掌握泵、风机进行变速调节前后工况参数的确定方法。掌握相似工况曲线的概念及其应用。应特别注意对于广义管网特性曲线，泵、风机进行变速调节前后的工况点不是相似工况点，不能应用相似律关系式进行工况参数计算。重点掌握两类问题的分析计算方法：1) 已知泵、风机的初始转速及工况点，求泵、风机调节到另一转速时的工况参数；2) 已知泵、风机的初始转速及工况点，以及需要调整的流量值，求泵、风机应调节到的转速。了解泵、风机转速调节的方法：改变电机转速、调换皮带轮、采用液力联轴器。

对于风机采用进口导叶调节的原理及应用。

切削叶轮的调节方法。掌握叶轮切削前后泵的性能变化关系（第一、第二切削律）、泵的工况点及工况参数的确定方法。

6.3 泵与风机的安装位置

气穴与气蚀现象的概念；通过能量方程，确定泵内最低压力点的压力值；通过控制吸升式水泵的安装高度，避免水泵气蚀的原理；泵的允许吸上真空高度的概念、最大安装高度的计算方法。

气蚀余量的概念；利用气蚀余量确定灌注式水泵安装高度的计算方法；气蚀余量与吸上真空高度的区别和联系。

水泵与管路的连接要求。对吸水管路：不漏气、不积气、不吸气，以及达到上述要求的工程技术措施；对压出管路的连接要求、工程技术措施。

风机进出口与管路连接减小压力损失的技术措施。

6.4 泵与风机的选用

常用泵与风机的性能特点及使用范围；泵与风机的选用原则；了解常用泵与风机型号的意义。

工程中选用泵与风机时流量和扬程（全压）应合理考虑余量。掌握应用工况分析为管网进行泵与风机的合理匹配的方法。

习题精解：

6-1 什么是管网特性曲线？管网特性曲线与管网的阻力特性有何区别与联系？

答：枝状管网中流体流动所需的能量 P_e 与流量 L 之间的关系为 $P_e = P_{st} + SL^2$，P_{st}

反映了外界环境对管网流动的影响，包含重力作用及管内流体与外界环境交界面的压力作用，当管网处于稳定运行工况时，P_{st}与流量变化无关。S 为管网的总阻抗。将这一关系在以流量为横坐标、压力为纵坐标的直角坐标图中描绘成曲线，即为管网特性曲线，见图 6-1。而管网的阻力特性则反映了管网中流体的流动阻力 ΔP 与流量 L 之间的关系，可用 $\Delta P=SL^2$ 表示。当 $P_{st}=0$ 时，管网特性曲线为“狭义管网特性曲线”，与阻力特性曲线重合。

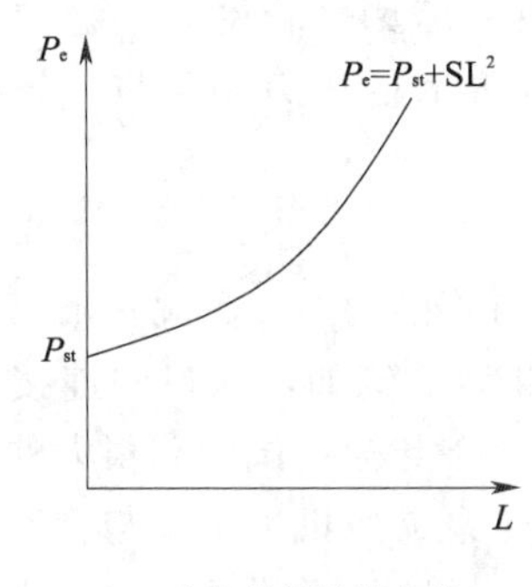

(*a*) 广义管网特性曲线

(*b*) 狭义管网特性曲线与阻力特性曲线

图 6-1　管网特性曲线与阻力特性曲线

6-2　广义管网特性曲线与狭义管网特性曲线有何区别?

答：广义管网特性曲线与狭义管网特性曲线分别如图 6-1 所示。广义管网特性曲线 $P_{st}\neq 0$，反映在 y 轴上有一截距，反映了外界环境对管网流动的影响，包含重力作用及管内流体与外界环境交界面的压力作用，管网处于稳定运行工况时，P_{st}与流量变化无关。$P_{st}>0$时，需要提供压力能量克服其影响；当 $P_{st}<0$ 时，它可以为管网流动提供能量。管网流动所需能量的另一部分用来克服流体沿管网流动产生的阻力，与流量的平方成正比。当泵或风机的工况沿广义管网特性曲线变化时（如调节泵或风机的转速，不改变管网特性曲线），工况点之间不满足泵或风机的相似律。而具有狭义管网特性曲线的管网，流动所需的全部能量为流体沿管网流动产生的阻力，与流量的平方成正比，当泵或风机的工况沿管网特性曲线变化时遵守泵或风机的相似律。

6-3　分析影响管网特性曲线的因素。

答：影响管网特性曲线形状的决定因素是管网的阻抗 S。S 值越大，曲线越陡。当流量采用体积流量单位时，管段阻抗 S 的计算式为：

$$S_i=\frac{8\left(\lambda_i\dfrac{l_i}{d_i}+\sum\zeta\right)\rho}{\pi^2 d_i^4}\text{kg/m}^7$$

根据 S 的计算式可知，影响 S 值的参数有：摩擦阻力系数 λ、管段长度 l、直径（或当量直径）d、局部阻力系数$\sum\zeta$、流体密度 ρ，其中 λ 取决于流态。由流体力学知，当流动处于阻力平方区时，λ 仅与管段的相对粗糙度$\left(\dfrac{k}{d}\right)$有关。在给定管路条件下，若 λ 值可视为常数，则有 $S=f(l, d, k, \sum\zeta, \rho)$。由此可知，当管网系统安装完毕，管长、管径、局部阻力系数在不改变阀门开度的情况下，都为定数，即 S 为定值，对某一具体的管网，其管网特性就被确定。反之，改变式中的任一参数值，都将改变管网特性。由于 S

正比于l、k、$\sum\zeta$、ρ，反比于d，所以当管段较长、管径较小、局部阻力（弯头、三通、阀门等）部件较多、阀门开度较小、管内壁粗糙度较大、流体密度较大都会使S值增加，管网特性曲线变陡；反之则使S值减小，管网特性曲线变缓。在管网系统设计和运行中，都常常通过调整管路布置、改变管径大小或调节阀门的开度等手段来改变管网特性，使之适应用户对流量或压力分布的需要。

外界环境对管网流动的影响反映在P_{st}项上，包含重力作用及管内流体与外界环境交界面的压力作用，在管网特性曲线图上反映在y轴上有一截距，管网处于稳定运行工况时，P_{st}与流量变化无关。重力或管内流体与外界环境交界面的压力作用与流体流动方向一致时，推动流体流动，反之则阻碍流体流动。

6-4　什么是系统效应？如何减小系统效应？

答：由于泵、风机是在特定管网中工作，其出入口与管网的连接状况一般与性能试验时不一致，将导致泵、风机的性能发生改变（一般会下降）。例如，入口的连接方式不同于标准试验状态时，则进入泵、风机的流体流向和速度分布与标准试验有很大的不同，因而导致其内部能量损失增加，泵、风机的性能下降。由于泵、风机进出口与管网系统的连接方式对泵、风机的性能特性产生的影响，导致泵、风机的性能下降被称为“系统效应”。

减小系统效应最主要的方法是在泵或风机的进出口与管网连接时采用正确的连接方式，如进出口接管保证足够长的直管段、选择正确的流动转弯方向、采用专门的引导流体流动的装置等。

6-5　什么是管网系统中泵（风机）的工况点？如何求取工况点？

答：管网系统中泵（风机）的工况点是泵或风机在管网中的实际工作状态点。将泵或风机实际性能曲线中的$Q-H$（或$Q-P$）曲线，与其所接入的管网系统的管网特性曲线，用相同的比例尺、相同的单位绘在同一直角坐标图上，两条曲线的交点，即为该泵（风机）在该管网系统中的运行工况点，如图6-2（*a*）中，曲线I为风机的$Q-P$曲线，曲线II为管网特性曲线。A点为风机的工况点。在这一点上，泵或风机的工作流量即为管网中通过的流量，所提供的压头与管网通过该流量时所需的压头相等。

当管网有多台水泵或风机联合（并联或串联）工作时，应先求出多台水泵（风机）联合运行的总性能曲线，此总性能曲线与管网特性曲线的交点为管网系统的联合运行工况点；然后再求各台水泵或风机各自的工况点。此时应特别注意单台水泵或风机的性能曲线与管网特性曲线的交点不是该水泵在联合运行时的工况点。图6-2（*b*）是两台相同型号的水泵并联运行的工况分析。图中曲线I为单台水泵的$Q-H$性能曲线，曲线II为两台水泵并联运行的总性能曲线，曲线III为管网特性曲线，a点为管网的总工况点，b为单台水泵在并联运行时的工况点，此时$H_a=H_b$，$Q_a=2Q_b$；图6-2（*c*）是两台相同型号的水泵串联运行的工况分析，各曲线及符号的含义与图（*b*）中相同，此时$H_a=2H_b$，$Q_a=Q_b$。

除运用作图的方法外，还可应用数学解法求解泵与风机在管网中的工况点。即把表示水泵或风机的性能曲线和管网特性曲线的代数方程联合求解。

6-6　什么是泵或风机的稳定工作区？如何才能让泵或风机在稳定工作区工作？

答：如果泵或风机的$Q-H$（P）曲线是平缓下降的曲线，它们在管网中的运行工况是稳定的。如果泵或风机的$Q-H$（P）曲线呈驼峰形，则位于压头峰值点的右侧区间是稳定工作区，泵或风机在此区间的运行工况是稳定的；而在压头峰值点的左侧区间则是非

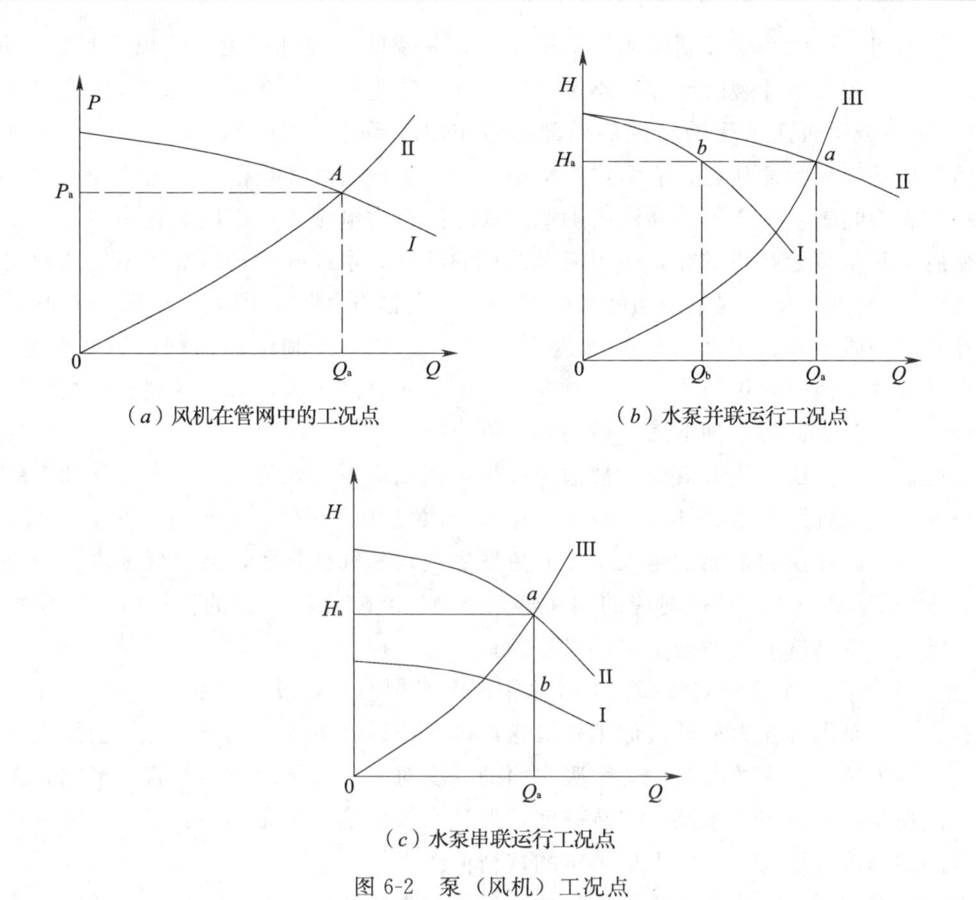

（*a*）风机在管网中的工况点

（*b*）水泵并联运行工况点

（*c*）水泵串联运行工况点

图 6-2　泵（风机）工况点

稳定工作区，泵或风机在此区间设备的工作状态不稳定。泵或风机具有驼峰形性能曲线是其产生不稳定运行的原因，对于这一类泵或风机应使其工况点保持在 $Q-H$（P）曲线的下降段，以保证运行的稳定性。

6-7　试解释喘振现象及其防治措施。

答：当风机在非稳定工作区运行时，出现一会由风机输出流体，一会流体由管网中向风机内部倒流的现象，专业中称之为“喘振”。当风机的性能曲线呈驼峰形状，峰值左侧较陡，运行工况点离峰值较远时，易发生喘振。喘振的防治方法有：(1) 应尽量避免设备在非稳定区工作；(2) 采用旁通或放空法。当用户需要小流量而使设备工况点移至非稳定区时，可通过在设备出口设置的旁通管（风系统可设放空阀门），让设备在较大流量下的稳定工作区运行，而将需要的流量送入工作区。此法最简单，但最不经济；(3) 增速节流法。此方法为通过提高风机的转数并配合进口节流措施而改变风机的性能曲线，使之工作状态点进入稳定工作区来避免喘振。

6-8　试解释水泵的气蚀现象及产生气蚀的原因。

答：水泵工作时，叶片背面靠近吸入口处的压力达到最低值（用 P_k 表示），如果 P_k 降低到工作温度下的饱和蒸汽压力（用 P_v 表示）时，液体就大量气化，溶解在液体里的气体也自动逸出，出现“冷沸”现象，形成的气泡中充满蒸汽和逸出的气体。气泡随流体进入叶轮中压力升高区域时，气泡突然被四周水压压破，流体因惯性以高速冲向气泡中心，在气泡闭合区内产生强烈的局部水锤现象，其瞬间的局部压力，可以达到数十兆帕。此时，可以听到气泡冲破时的炸裂噪声，这种现象称为气穴。在气穴区域（一般在叶片进口的壁面），金属表面承受着高频的局部水锤作用，经过一段时间后，金属就产生疲劳，其表面开始呈蜂窝状；随之，应力更为集中，叶片出现裂缝和剥落。当流体为水时，由于水和蜂窝表面间歇接触之下，蜂窝的侧壁与底之间产生电位差，引起电化腐蚀，使裂缝加宽。最后，几条裂缝互相贯穿，达到完全蚀坏的程度。水泵叶片进口端产生的这种效应称为“气蚀”。气蚀是气穴现象侵蚀叶片的结果。在气蚀开始时，即为气蚀第一阶段，表现在泵外部是轻微噪声、振动（频率可达 600～25000 次/s）和泵的扬程、功率有些下降。如果外界条件促使气蚀更加严重时，泵内气蚀就进入第二阶段，气蚀区突然扩大，这时泵的扬程、功率及效率将急剧下降，最终导致停止出水。

可见，泵内部压力最低值低于被输送液体工作温度下的气化压力是发生气蚀现象的原因。泵的安装位置距吸水面越高、泵的工作地点大气压力越低、泵输送的液体温度越高，发生气穴和气蚀现象的可能性越大。为避免发生气穴和气蚀现象，必须保证水泵内压力最低点的压力 P_k 高于工作温度对应的饱和蒸汽压力，且应保证一定的富裕值，工程中一般用允许吸上真空高度或气蚀余量来加以控制。

6-9　为什么要考虑水泵的安装高度？什么情况下必须使泵装设在吸水池水面以下？

答：若水泵内部压力最低值低于被输送液体工作温度下的气化压力，则会发生气蚀现象，使水泵损坏。水泵的安装位置距吸水面的高度对水泵内部的压力有直接影响，为避免发生气蚀现象，需要考虑水泵的安装高度，保证水泵内压力最低点的压力 P_k 高于工作温度对应的饱和蒸汽压力，且应保证一定的富裕值。

对于有些轴流泵，或管网系统输送的是温度较高的液体（例如供热管网、锅炉给水和蒸汽管网的凝结水等管网系统），对应温度下的液体汽化压力较高；或吸液池面压力低于大气压而具有一定的真空度，此时，水泵叶轮往往需要安装在吸水池水面以下。

6-10　允许吸上真空高度和气蚀余量有何区别与联系？

答：水泵吸入口断面的真空度称为吸上真空高度，为保证水泵不发生气蚀，需要控制水泵的吸上真空高度低于某个限制值，这个限制值即为离心式水泵生产厂家给定的允许吸上真空高度；而气蚀余量则是水泵吸入口的总水头距离泵内压力最低点发生气化尚剩余的水头（即实际气蚀余量），为保证不发生气蚀，此剩余水头必须大于规定的必须气蚀余量 $[\Delta h]$（吸入口至压力最低点的压力损失加上一定的安全余量）。可见，允许吸上真空高度和必须气蚀余量是从不同的角度来控制水泵不发生气蚀的条件。

对于吸升液体的离心式水泵，常允许采用吸上真空高度 $[H_s]$ 控制水泵的实际安装高度。利用允许吸上真空高度，按如下计算式确定水泵的最大安装高度 $[H_{ss}]$：

$$[H_{ss}] = [H_s] - \frac{v_1^2}{2g} - \sum h_s$$

式中，v_1 为水泵吸水口的断面平均速度，$\sum h_s$为吸水管路的压力损失。

水泵实际安装高度 H_{ss}应遵守 $H_{ss} < [H_{ss}]$。

对于有些轴流泵，或管网系统中输送的是温度较高的液体，或吸液池面压力低于大气压而具有一定的真空度的情况，常采用“气蚀余量”确定它们的安装位置：

$$H_g \geqslant \frac{P_v - P_0}{r} + [\Delta h] + \sum h_s$$

式中，P_v 为工作流体的气化压力，P_0 为吸水水池液面的压力，H_g 为吸水水池液面减去水泵轴线标高之差。

吸上真空高度和实际气蚀余量之间存在如下联系：

$$\Delta h + H_s = \frac{P_a - P_v}{\gamma} + \frac{v_1^2}{2g}$$

可见，用允许吸上真空高度和必须气蚀余量来控制水泵的安装位置，在本质上是一致的。

6-11　在实际工程中，是在设计流量下计算出管网阻力，此时如何确定管网特性曲线？

答：可根据各管段的计算阻力和计算流量，利用公式 $S_i = \frac{\Delta P}{Q_i^2}$ 求出各个管段的阻抗，然后按照串联管段总阻抗 $S_{ch} = \sum\limits_i S_i$、并联管段总阻抗 $S_b = \left(\sum\limits_i S_i^{-\frac{1}{2}}\right)^{-2}$ 求出管网的总阻抗 S，同时根据管网的实际情况求出 P_{st}，进而确定出管网的特性曲线。

6-12　两台水泵（或风机）联合运行时，每台水泵（或风机）功率如何确定？

答：确定每台水泵（或风机）功率的步骤如下：(1) 确定多台水泵（或风机）的联合运行总性能曲线；(2) 求出联合运行工况点；(3) 求出联合运行时每台水泵（或风机）的运行工况点，获得各自的输出流量和全压，按下式计算功率：

$$N = \frac{QP}{1000} \text{kW}$$

式中，Q 为某台水泵（或风机）的工作流量，m^3/s；P 为该台水泵（或风机）的工作全压，Pa。

6-13　《采暖通风与空气调节设计规范》(GB 50019—2003) 5.7.3 条规定，“输送非标准状态空气的通风、空气调节系统，当以实际容量风量用标准状态下的图表计算出系统压力损失值，并按一般通风机性能样本选择通风机时，其风量和风压均不应修正，但电动机的轴功率应进行验算。”为什么？

答：当输送的空气密度改变时，通风系统通风机的性能和管网特性将随之改变。对于离心式和轴流式风机，体积流量保持不变，而风压和电动机轴功率与空气密度成正比变化。

目前，常用的通风管道计算图表和通风机性能图表，都是按照标准状态（温度 20℃、大气压力 101325Pa）下的空气物性编制的。当所输送的空气为非标准状态时，以实际风量借助标准状态下的风管计算图表所算得的系统压力损失，并不是系统的实际压力损失，两者有如下关系：

$$P' = P\frac{\rho}{\rho_0}$$

式中，P' 为非标准状态下系统的实际压力损失，Pa；P 为以实际风量用标准状态下的风管计算图表所算得的系统压力损失，Pa；ρ 为空气的实际密度，kg/m^3；ρ_0 为标准状态下空气的实际密度，kg/m^3。

同样，非标准状态时通风机产生的实际风压也不是通风机性能图表上所标定的风压，二者也存在上式的关系。在通风空调系统中的通风机风压等于系统的压力损失。在非标准状态下系统压力损失相对于按照标准状态计算图表算得的压力损失或大或小地变化，同通风机在非标准状态下输出的压力相对于标准状态下的风压或大或小的变化趋势一致，大小也相等。也就是说，在实际容积风量一定的情况下，按照标准状态下的风管计算图表算得的压力损失以及据此选择的通风机，也能够适应空气状态变化了的条件。为了避免不必要的反复计算，选择通风机时不必再对风管的计算压力损失和通风机的风压进行修正。但是，电动机的轴功率会因风压的变化而改变，故对电动机的轴功率应进行验算，其式如下：

$$N_z=\frac{LP'}{3600 \cdot 1000 \cdot \eta_1 \cdot \eta_2}$$

式中，N_z 为电动机轴功率，kW；L 为通风机的风量，m^3/h；η_1 为通风机的效率，η_2 为通风机的传动效率。

6-14　什么是泵（或风机）的相似工况点？

答：对于几何相似的泵（或风机），如果雷诺数相等或流动处于雷诺自模区，则在叶片入口速度三角形相似，也即流量系数相等时，流动过程相似，对应的工况点为相似工况点，性能参数之间满足相似律关系式。

6-15　有人说："当管网中的泵（或风机）采用调节转速的方法进行流量调节时，按照相似律，流量变化与转速变化成正比，扬程（全压）变化与转速变化的平方成正比，功率变化与转速变化的三次方成正比。"这种说法对吗？为什么？

答：这种说法是片面的。泵（或风机）在管网中的工况点由管网特性和泵（或风机）的性能共同决定。泵（或风机）采用调节转速的方法进行流量调节时，流量变化与转速变化成正比，扬程（全压）变化与转速变化的平方成正比，功率变化与转速变化的三次方成正比，是泵（或风机）性能变化的相似律，是相似工况点之间性能参数的变化关系。当管网中的泵（或风机）采用调节转速的方法进行流量调节时，调节前后的工况点不一定是相似工况点，因此这种说法不一定对。

6-16　某管网中，安装有两台 12sh-6B 型水泵，单台性能参数如表 6-1 所示。

单台水泵性能参数表　　**表 6-1**

参数序号	1	2	3
Q（m^3/h）	540	720	900
H（m）	72	67	57
N（kW）	151	180	200

当管网只开启其中的一台水泵时，输出流量是 $720m^3/h$，扬程是 67m。

（1）不改变管网，两台水泵并联运行，求此时管网的总工作流量；每台水泵的工况点（工作流量、扬程）。

（2）不改变管网，两台水泵串联运行，求此时的水泵联合运行曲线、串联运行的工况点（水泵联合运行的总流量与总扬程）；每台水泵的工作流量、扬程。

解：（1）首先求两台水泵并联运行时的性能曲线，对单台性能曲线 I 上的 3 个性能参数点（见表 6-1），按相同扬程时流量叠加的方法获得，见图 6-3 中曲线 II。管网的阻抗 $S=\frac{\Delta H}{L^2}=\frac{67}{720^2}=0.0001292 mH_2O/(m^3/h)^2$。即管网特性曲线方程为 $H=0.0001292L^2$，作管网特性曲线，见图 6-3 中曲线 III。曲线 II 与 III 的交点 2 为两台水泵并联运行的工况点。由图可知，管网的总工作流量为 756.7m^3/h，每台水泵的工作流量为 378.4m^3/h，扬程为 73.9mH_2O。

（2）此两台水泵串联时，按照相同流量下扬程叠加的方法获得总的性能曲线，见图 6-3 中曲线 IV，曲线 III 和 IV 的交点 3 为管网总工作点，由图可知，管网总工作流量为 889m^3/h，总扬程为 115.47mH_2O；每台水泵流量为 889m^3/h，扬程为 57.7mH_2O。

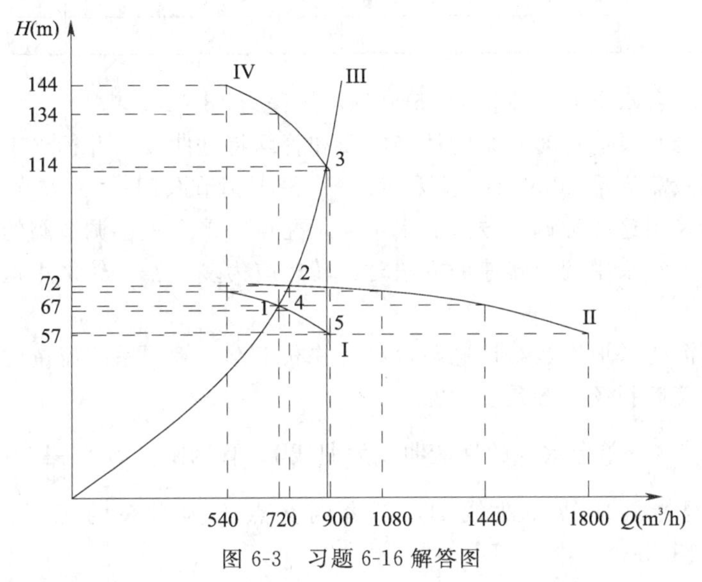

图 6-3　习题 6-16 解答图

6-17　已知：某水泵的性能曲线用如下多项式表示：

$$H=A_1\cdot Q^2+A_2\cdot Q+A_3 \quad (Q_{min}<Q<Q_{max})$$

其中，A_1、A_2、A_3 为已知数值的系数。求：

（1）这样的两台水泵并联及串联时联合工作性能曲线的数学表达式；

（2）利用（1）中的结论，求 6-16 题中两台 12sh-6B 型水泵的单台工作、两台并联工作、两台串联工作时的性能曲线和工况点。

解：（1）两台相同的水泵并联运行时，联合运行的性能曲线可由相同扬程下流量加倍的方法获得，因此有：

$$H=A'_1\cdot(2Q)^2+A'_2\cdot(2Q)+A'_3=A_1\cdot Q^2+A_2\cdot Q+A_3$$

可得：$A'_1=\frac{A_1}{4}$；$A'_2=\frac{A_2}{2}$；$A'_3=A_3$

因此并联运行的联合运行性能曲线可表示为：

$$H=\frac{A_1}{4}\cdot Q^2+\frac{A_2}{2}\cdot Q+A_3$$

（2）两台相同的水泵串联运行时，联合运行的性能曲线可由相同流量下扬程加倍的方法获得，因此有：

$$A'_1 \cdot Q^2 + A'_2 \cdot Q + A'_3 = 2\ (A_1 \cdot Q^2 + A_2 \cdot Q + A_3)$$

可得：$A'_1 = 2A_1$；$A'_2 = 2A_2$；$A'_3 = 2A_3$

因此串联运行的联合运行性能曲线可表示为：

$$H = 2A_1Q^2 + 2A_2Q + 2A_3$$

6-18　某闭式空调冷冻水管网并联有两台相同的循环水泵。单台水泵性能参数如下：转速 2900r/min，所配电机功率 2.2kW。流量——扬程性能如表 6-2 所示：

水泵流量——扬程性能参数表　　**表 6-2**

参数序号	1	2	3
流量（m^3/h）	7.5	12.5	15
扬程（m）	22	20	18.5

管网中开启一台水泵时，流量为 $15m^3/h$，扬程为 18.5m。

（1）画出单台水泵运行时水泵的性能曲线和管网特性曲线，并标出工况点；

（2）若管网只需流量 $10m^3/h$，拟采用：1）关小调节阀门；2）调节水泵的转速的办法来实现。求出采用这两种调节方法后水泵的工况点。采用关小调节阀的方法时，管网的阻抗值应增加多少？采用调节转速的方法时，转速应为多少？比较采用这两种方法耗用电能的情况；

（3）若管网需要增加流量，让这两台水泵并联工作，管网系统流量能否达到 $30m^3/h$？此时每台水泵的流量和扬程各是多少？

解：（1）图 6-4，单台水泵的性能曲线为曲线 I。管网阻抗 $S = \frac{18.5}{15^2} = 0.08222mH_2O/(m^3/h)^2$，作管网特性曲线为曲线 II，二者的交点 1 为水泵的工况点，输出流量为 $15m^3/h$，扬程为 18.5m。

（2）关小阀门时，要求的输出流量是 $10m^3/h$，水泵的性能曲线不变，仍为曲线 I，由横坐标 $Q = 10m^3/h$ 作垂线，与曲线 I 交点 2 为要求的工况点，此时，流量为 $10m^3/h$，扬程为 21.2m。管网的阻抗 $S' = \frac{21.2}{10^2} = 0.212mH_2O/\ (m^3/h)^2$，增加阻抗为 $\Delta S = S - S' = 0.212 - 0.082 = 0.120mH_2O/\ (m^3/h)^2$。

采用调节转速的方法时，管网特性曲线仍为 II，由横坐标 $Q = 10m^3/h$ 作垂线，与曲线 II 交点 3 为要求的工况点。由于曲线 II 上的点满足 $H = \frac{H_1}{Q_1^2}Q^2$，即曲线 II 是过单台水泵性能曲线 I 上点 1 的相似工况曲线，因此点 3 与点 1 是相似工况点，所以转速 $n' = n\frac{Q_3}{Q_1} = 2900 \times \frac{10}{15} = 1933$r/min。

设水泵效率基本不变，调节阀门的耗功率和调节转速时的耗功率对比情况如下：

$\frac{N'}{N''} = \frac{Q_2H_2}{Q_3H_3} = \frac{21.2}{8.2} = 2.59$，即采用调节阀门的方法耗用电能是采用调节转速的2.59 倍。

（3）按照水泵并联工作的联合运行工作性能曲线的求解方法，作出此两台水泵并联工作的联合运行工作性能曲线，如图 6-4 中曲线 III，与管网特性曲线 II 交点 4 为联合运行的工作点，此时总流量为 $16.2m^3/h$，不能达到 $30m^3/h$，扬程为 $22.0mH_2O$。

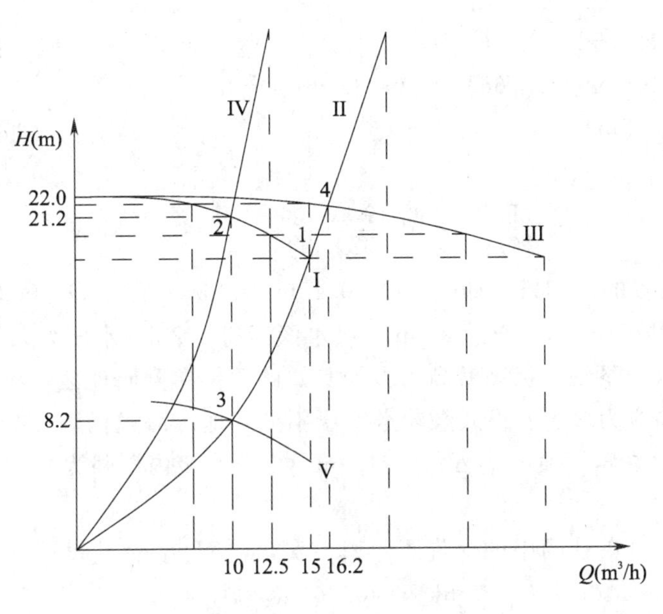

图 6-4　习题 6-18 解答图

6-19　水泵轴线标高 130m，吸水面标高 126m，出水池液面标高 170m，吸入管段阻力 0.81m，压出管段阻力 1.91m。试求水泵所需的扬程。

解：水泵所需扬程应为：（出水池液面标高－吸水面标高）＋吸入管段阻力＋压出管段阻力，即：

$$H=(170-126)+0.81+1.91=46.72\text{m}$$

故，水泵所需扬程为 46.72mH_2O。

6-20　如图 6-5 所示的泵装置从低水箱抽送重力密度为 980kgf/m^3 的液体，已知条件如下：$x=0.1$m，$y=0.35$m，$z=0.1$m，M_1 读数为 1.24kgf/cm^2，M_2 读数为 10.24kgf/cm^2，$Q=0.025$m^3/s，$\eta=0.80$。试求此泵所需的轴功率为多少？（注：该装置中两压力表高差为$y+z-x$）

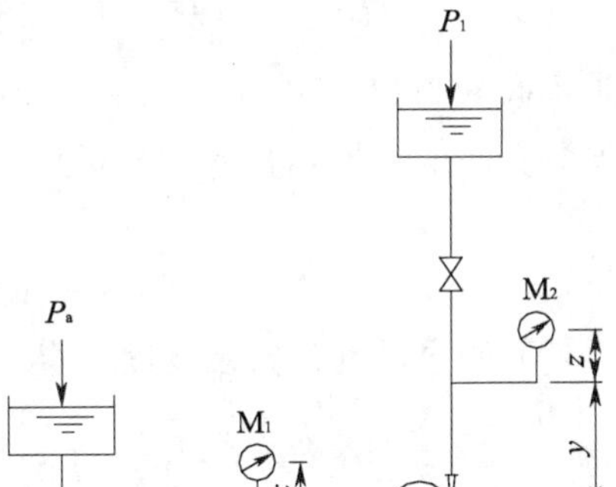

图 6-5　习题 6-20 示意图

解：水泵的扬程应为其出口和进口之间的测压管水头之差。压力表的读数反映了压力表位置静压，压力表与管道连接处测压管水头应为压力表读数与位置水头之和。则水泵扬程应为：

$$H=(H_{M2}+Z_{M2})-(H_{M1}+Z_{M1})$$

式中，H_{M1}、H_{M2}分别为压力表读数折合成液柱高度的压力。因

$$H_{M2}=\frac{10.24}{980}\times10^4=104.49\text{m}$$

$$H_{M1}=\frac{1.24}{980}\times10^4=12.65\text{m}$$

则

$$H=(H_{M2}+Z_{M2})-(H_{M1}+Z_{M1})=(H_{M2}-H_{M1})+(Z_{M2}-Z_{M1})$$
$$=(104.49-12.65)+(0.35+0.1-0.1)$$
$$=92.19\text{m}$$

水泵轴功率：

$$N=\frac{\gamma HQ}{102\eta}=\frac{980\times 92.19\times 0.025}{102\times 0.80}=27.68\text{kW}$$

6-21 有一水泵装置的已知条件如下：$Q=0.12\text{m}^3/\text{s}$，吸入管径 $D=0.25\text{m}$，水温为 40℃（重力密度 $\gamma=992\text{kgf/m}^3$），$[H_s]=5\text{m}$，吸水面标高 102m，水面为大气压。吸入管段阻力为 0.79m。试求：泵轴的标高最高为多少？如此泵装在昆明地区，海拔高度为 1800m，泵的安装位置标高应为多少？设此泵输送水温不变，地区海拔仍为 102m，但系一凝结水泵，制造厂提供的临界气蚀余量 $\Delta h_{min}=1.9\text{m}$，冷凝水箱内压强为 0.09kgf/cm^2。泵的安装位置有何限制？

解：(1) 此水泵在管网中的允许吸上真空高度 $[H_s']=[H_s]-(10.33-h_a)+(0.24-h_v)$，$h_a=10.40\text{m}$，$h_v=7.5\text{kPa}=0.765\text{m}$，则

$$[H_s']=[H_s]-(10.33-h_a)+(0.24-h_v)$$
$$=5-(10.33-10.40)+(0.24-0.765)$$
$$=4.55\text{m}$$

吸水管的平均速度 $v_1=\dfrac{Q}{\dfrac{\pi D^2}{4}}=\dfrac{0.12}{\dfrac{\pi\times 0.25^2}{4}}=2.44\text{m/s}$

则泵的允许安装高度 $[H_{ss}]$ 为

$$[H_{ss}]=[H_s']-\frac{v_1^2}{2g}-\sum h_s=4.55-\frac{2.44^2}{2\times 9.807}-0.79=3.45\text{m}$$

泵轴标高最高为：102+3.45=105.45m。

若安装在昆明地区，则 $h_a=8.67\text{m}$，

$$[H_s']=[H_s]-(10.33-h_a)+(0.24-h_v)$$
$$=5-(10.33-8.67)+(0.24-0.765)=2.82\text{m}$$

(2) 则泵的允许安装高度 $[H_{ss}]$ 为

$$[H_{ss}]=[H_s']-\frac{v_1^2}{2g}-\sum h_s=2.82-\frac{2.44^2}{2\times 9.807}-0.79=1.73\text{m}$$

泵轴标高最高为 1800+1.73=1801.73m。

(3) 取必须气蚀余量 $[\Delta h]=\Delta h_{min}+0.3=1.9+0.3=2.2\text{m}$，则该泵的灌注高度应满足 $H_g\geqslant\dfrac{P_v-P_0}{r}+[\Delta h]+\sum h_s=0.77-\dfrac{0.09}{992}\times 10^4+2.2+0.79=2.85\text{m}$

6-22 一台水泵装置的已知条件如下：$Q=0.88\text{m}^3/\text{s}$，吸入管径 $D=0.6\text{m}$，当地大气压力近似为 1 个标准大气压力，输送 20℃清水。泵的允许吸上真空高度为 $[H_s]=3.5\text{m}$，吸入段的阻力为 0.4m。求：该水泵在当地输送清水时的最大安装高度。若实际安装高度超过此最大安装高度时，该泵能否正常工作？为什么？

解：该水泵吸入管中的平均速度为 $v_1=\frac{Q}{\frac{\pi D^2}{4}}=\frac{0.88}{\frac{\pi\times0.6^2}{4}}=3.11\text{m/s}$。该水泵在当地输送清水时的最大安装高度为：

$$[H_{ss}]=[H_s]-\frac{v_1^2}{2g}-\sum h_s=3.5-\frac{3.11^2}{2\times9.807}-0.4=2.61\text{m}$$

若实际安装高度超过此最大安装高度时，该泵不能正常工作，因为此时泵内最低压力点的压力将可能低于该水温下的气化压力，可能发生气蚀现象。

6-23　某工厂通风管网要求输送空气 $1\text{m}^3/\text{s}$，计算总阻力损失 3677.5Pa，试为其选择风机，并确定配用电机的功率。

解：将输送风量增加 10%、风压增加 15%作为选用的依据，即：

$$Q=1.1\text{m}^3/\text{s}=3960\text{m}^3/\text{h}$$

$$P=1.15\times3677.5=4229\text{Pa}$$

查风机的性能参数表，选择 8-23-11NO. 5 型离心式风机一台，转速为 2500r/min。根据题意求出管网阻抗为 $3677.5\text{Pa}/(\text{m}^3/\text{s})^2$，在同一坐标系中绘出利用该风机的性能曲线和管网特性曲线，求出风机运行工况，如图 6-6 所示。风机在运行工况下输出风量约 $3830\text{m}^3/\text{h}$，满足系统的需求。根据风机性能资料，该风机所配电机的额定功率为 7kW。

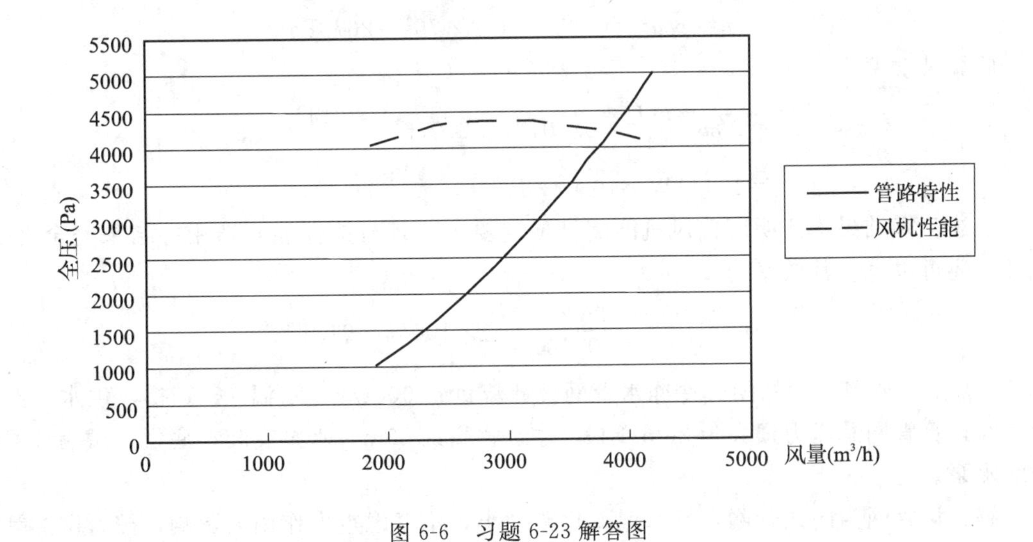

图 6-6　习题 6-23 解答图

6-24　某工厂集中式空气调节装置要求 $Q=26700\text{m}^3/\text{h}$，$H=2610\text{Pa}$，试根据无因次性能曲线图选用高效率 4-72-11 型离心式风机一台。再以性能表检验所选风机是否合适？

解：查出 4-72-11 型风机在最高效率下有以下的无因次参数：

$$\overline{p}=0.416$$

$$\overline{Q}=0.212$$

算出风机的圆周速度：

$$u=\sqrt{\frac{p}{\rho\cdot\overline{p}}}=\sqrt{\frac{2610}{1.2\times0.416}}=72.3\text{m/s}$$

如选用$n=2900\text{r/min}$的风机，叶轮直径应为：

$$D_2=60\ \frac{u}{\pi n}=\frac{60\times72.3}{3.14\times2900}=0.476\text{m}$$

计算相应的风量为：

$$Q=\overline{Q}u\ \frac{\pi D_2^2}{4}=0.212\times72.3\times\frac{3.14\times0.476^2}{4}=2.73\text{m}^3/\text{s}=9810\text{m}^3/\text{h}$$

可见所选定的叶轮直径的风机不能在给定的转速下提供所要求的流量。同时，如果考虑到制造厂通常是按“dm”来生产风机的，故可采用$D_2=0.5\text{m}$的风机，则其圆周速度为：

$$u=\frac{n\pi D_2}{60}=\frac{2900\times3.14\times0.5}{60}=76\text{m/s}$$

计算无因次流量为：

$$\overline{Q}=\frac{Q}{u\ \frac{\pi D_2^2}{4}}=\frac{4\times12650/3600}{76\times3.14\times0.5^2}=0.236$$

再查无因次性能曲线，在相当于$\overline{Q}=0.236$处的压力系数为$\overline{p}=0.386$，功率系数为$\overline{N}=0.101$，用所得无因次量验算风压，可得：

$$p=\overline{p}\rho u^2=0.386\times1.2\times76^2=2675\text{Pa}$$

验算轴功率：

$$\begin{aligned}N&=\overline{N}\rho u^3\ \frac{\pi D_2^2}{4}=0.101\times1.2\times76^3\times\frac{3.14}{4}\times0.5^2\\&=10441\text{W}=10.44\text{kW}\end{aligned}$$

上述验算结果均证明所选风机能满足预定要求，且与按性能表选用的结果完全吻合。此外，还可以算出其效率为：

$$\eta=\frac{\overline{Q}\overline{p}}{\overline{N}}=\frac{0.236\times0.386}{0.101}\times100\%=91.1\%$$

6-25　某空气调节工程的闭式冷冻水管网设计流量是900t/h，水温7～12℃，供水管路布置后经计算管网总压力损失为$26\text{mH}_2\text{O}$，建筑物高约20m，水泵安装在底层，试为该管网选配水泵。

解：该管网为闭式管网，且水温变化幅度小，不考虑重力作用的影响，按管网的计算压力损失确定水泵的扬程。对于流量和扬程，均增加10%作为选择水泵的依据。

$$Q_0=1.1\times900=990\text{t/h}$$

$$H_0=1.1\times26=28.6\text{mH}_2\text{O}$$

系统总阻抗$S=\frac{26}{900^2}=3.21\times10^{-5}\text{mH}_2\text{O}/(\text{t/h})^2$

考虑该系统流量较大，且空调系统大多数时间并非满负荷运行，故选择多台相同型号的水泵并联运行。根据已知条件，要求水泵输送的液体是温度不高的清水，且泵的位置较低，不必考虑气蚀问题，故选用占地较少的ISG管道离心式泵。根据该型号泵的性能参数表，选择 ISG200－315（I）型离心泵 2 台并联运行。水泵运行工况如图 6-7 所示。根据工程的重要性，可考虑选一台相同型号的水泵作为备用。

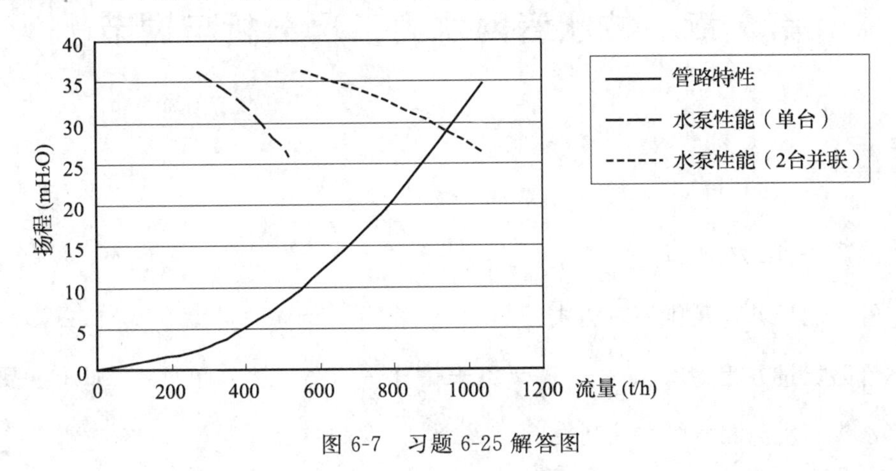

图 6-7　习题 6-25 解答图

第7章　枝状管网水力工况分析与调节

学习要点：

7.1　管网系统压力分布

（1）管流能量方程及压头表达式

液体管路能量方程：$Z_1+\frac{P_1}{\rho g}+\frac{v_1^2}{2g}=Z_2+\frac{P_2}{\rho g}+\frac{v_2^2}{2g}+\Delta H_{1-2}$，单位：$mH_2O$。要注意区分测压管水头高度与测压管水柱高度。

气体管路的能量方程：$P_{j1}+\frac{\rho v_1^2}{2}+g\ (\rho_a-\rho)(Z_2-Z_1)\ =P_{j2}+\frac{\rho v_2^2}{2}+\Delta P_{1-2}$，单位：Pa。动静压转换原理：全压是静压和动压之和，在某一管流断面，全压一定时，如静压增长，则动压必等量减少；反之，静压减少，动压必等量增长。

（2）管网压力分布

水压图的绘制方法：将液体管路各节点的测压管水头高度顺次连接起来形成的线，称为水压曲线或水压图。作用：确定管路中任何一点的静压值；表示出各管段的压力损失值；确定管段的单位管长平均压降。

机械循环室内热水供暖系统的水压图及其分析。理解膨胀水箱的定压作用及其对管网系统压力分布及运行状况的影响；掌握循环水泵扬程的确定方法。

气体管网压力分布图的作图方法及各曲线代表的意义；吸入与压出管路的压力变化特征；结合压力分布图理解动静压转换原理及其对管路设计的影响。

（3）水泵吸入管路的压力变化特征

（4）水压图在液体管网设计中的重要作用

本节是学习的难点，应侧重水力工况基本概念的理解，与供热管网设计相关的工程技术方法在《供热工程》课程中进一步学习。

热水供热管网对压力状况的基本要求。

绘制热水供热管网水压图的步骤和方法。其中最重要的是确定静水压线的位置，它对管网的压力状况及一次网和二次网的连接方式均有着决定性的影响，应根据热水供热管网对压力状况的基本要求及整个管网各热用户的实际情况综合考虑确定。静水压线的位置是依靠定压方式保证的。动水压线（供、回水干线）的确定方法及应考虑的因素。

热用户连接方式与管网水压图的关系分析。

（5）管网系统的定压

在闭式循环液体管网中，定压点位置及其压力值，决定了整个管网系统的静压高度和动压线的相对位置及高度。通常将定压点设置在管网循环水泵的吸入端。常用的定压方式有：膨胀水箱定压、补给水泵定压（连续、间歇）、密闭压力缸气体定压等。

7.2　调节阀的节流原理与流量特性

（1）调节阀的节流原理

调节阀是一个局部阻力可以变化的节流元件。调节阀的流通能力的概念、流通能力与阻抗的关系。

（2）调节阀的理想流量特性

调节阀的流量特性的概念：指流体介质流过调节阀的相对流量与调节阀的相对开度之间的特定关系。

可调比的概念。

理想流量特性（固有流量特性）：当调节阀前后压差固定不变时，所得到的流量特性。典型 4 种理想流量特性类型：直线、等百分比（对数）、快开和抛物线流量特性、开度和流量变化之间的关系特征。

注意调节阀的理想流量特性取决于阀芯的形状。

（3）调节阀的工作流量特性

直通调节阀有串联管道时的工作流量特性。分析的条件是：调节阀与其串联管道组成的系统两端总压差 Δp 一定。

$$\frac{Q}{Q_{\max}}=f\left(\frac{l}{l_{\max}}\right)\sqrt{\frac{1}{\left(\frac{1}{S_{\mathrm{V}}}-1\right)\left[f\left(\frac{l}{l_{\max}}\right)\right]^{2}+1}}$$

$$\frac{Q}{Q_{100}}=f\left(\frac{l}{l_{\max}}\right)\sqrt{\frac{1}{(1-S_{\mathrm{V}})\left[f\left(\frac{l}{l_{\max}}\right)\right]^{2}+S_{\mathrm{V}}}}$$

直通调节阀有串联管道时的工作流量特性由理想流量特性和阀权度 S_{V} 决定。阀权度的概念及其对工作流量特性影响的分析。

直通调节阀有并联管道时的工作流量特性：$\frac{Q}{Q_{\max}}=\chi\cdot f\left(\frac{l}{l_{\max}}\right)+(1-\chi)$，$\chi$ 为调节阀并联管道时，阀全开流量与总管最大流量之比。

直通调节阀的实际可调比。有串联管道时：$R_{\mathrm{S}}=R\sqrt{S_{\mathrm{V}}}$；有并联管道时：$R_{\mathrm{S}}\approx\frac{1}{1-\chi}$。

7.3　调节阀的选择

（1）调节阀流量特性的选择

选择流量特性时，要考虑调节阀所在管路系统的条件，通常要考虑调节系统的特性。本专业中，常利用调节阀调节通过热交换器的流量以进行冷热量的调节，因此要根据热交换器的流量——换热量特性，选择调节阀的流量特性，目的是使最终热交换器的相对换热量随阀门相对开度的变化关系近似为线性。

阀权度 S_{v} 值越大，工作流量特性越接近理想流量特性，因此必须使调节阀压降在系统压降中占有一定的比例，才能保证较好的调节性能。但从经济观点出发，S_{v} 值又不宜过大，这样可以减小管网压力损失，节省运行能耗。一般在设计中 S_{v}＝0.3～0.5 是较合适的。

（2）调节阀口径选择计算

流通能力计算方法。注意工程中流通能力的单位。

调节阀口径选择。应根据流经调节阀的设计流量和两端的压差、计算要求的调节阀流通能力 C、按阀门流通能力大于且接近要求的流通能力选择调节阀的口径。

（3）调节阀开度和可调比验算

调节阀开度和可调比验算。一般希望最大开度在90%左右，最小流量时的最小开度不小于10%。可调比的验算公式为：$R_S=10\sqrt{S_V}$，实际工程中，可调比大于3已能满足要求，因此当 $S_V\geqslant0.3$ 时，调节阀的可调比一般可不作验算。

7.4 管网系统水力工况分析

（1）管网水力失调与水力稳定性

水力失调的概念；产生水力失调的原因分析；水力失调对管网系统的不利影响；管网的水力稳定性的概念。注意水力失调与水力稳定性概念的区别。

（2）管网系统水力工况的分析方法

本章讲的是枝状管网水力工况分析的方法。利用管段串并联关系获得管网总的阻抗和管网特性曲线，结合水泵（风机）的性能曲线，求取管网和水泵（风机）的工况点；然后按照管段的流量分配规律，求取各管段的流量分布；进而可根据管段的阻抗和流量确定压力损失并获得整个管网的压力分布。

管网和水泵（风机）的工况求解也可采用数解法，即将泵（风机）的性能曲线方程和管网特性曲线方程联立求解。注意当多台泵（风机）联合运行时，应先求得联合运行性能曲线。

掌握根据工况分析的基本原理对典型枝状供热管网的几种典型工况变化情况进行水力工况定性分析的方法。

（3）提高管网水力稳定性的途径与方法

以枝状供热管网为工程背景。热用户的水力稳定性近似表示为：

$$y=\frac{Q_g}{Q_{max}}=\sqrt{\frac{\Delta P_y}{\Delta P_w+\Delta P_y}}=\sqrt{\frac{1}{1+\dfrac{\Delta P_w}{\Delta P_y}}}$$

由上式可知，提高管网水力稳定性的主要方法是相对地减小网路干管的压降，或相对地增大用户系统的压降。

7.5 管网系统水力平衡调节

管网系统水力平衡的含义是各个用户实际得到的流量与其需求的流量相同。系统在按设计建造完成后，必须进行相应的调节，使其达到设计要求。在运行过程中，用户的使用要求是不断变化的，必须通过相应的调节措施，来适应用户流量需求的变化。

（1）初调节

比例调节法的基本原理和调节步骤。

平衡阀的特点，利用平衡阀按照比例法进行初调节的步骤。

（2）运行过程中的调节

自力式流量调节。了解恒温调节阀和流量限制调节阀的工作原理。

水泵、风机调速变流量运行调节。本部分内容与第 6.2 节的相关内容相呼应。结合变速调节工况分析理论和教材给出的实例，理解恒定供回水总管压差和恒定末端设备管路压差两种调节方式的分析方法和节能效果的差别。了解定速水泵与变速水泵并联运行管网调节过程的工况变化特点。

习题精解：

7-1　应用并联管段阻抗计算式时，应满足什么条件？

答：需要满足的条件是：并联管段的因流动造成的压力损失相等。按照管网的能量平衡，并联管段所组成的闭合回路，如图 7-1（a）所示，或添加虚拟管段后形成闭合回路，如图 7-1（b），满足如下关系：$\sum\Delta P-P_G-P_q=0$，ΔP 为管段流动损失，P_G 为沿闭合回路方向的重力作用力，P_q 为沿闭合回路方向的全压动力。因 $\sum\Delta P=\Delta P_{(1)}-\Delta P_{(2)}$，若闭合回路的重力作用力 $P_G=0$ 及输入的全压作用力 $P_q=0$，则有：

$\Delta P_{(1)}=\Delta P_{(2)}$，$S_1Q_1^2=S_2Q_2^2=SQ^2$，$Q=Q_1+Q_2$，可导出并联管段的阻抗计算式：

$$S=(S_1^{-\frac{1}{2}}+S_2^{-\frac{1}{2}})^{-2}$$

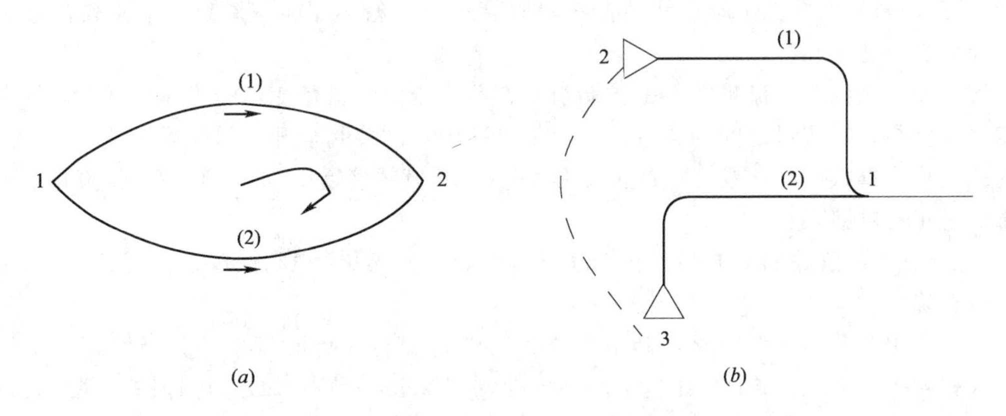

图 7-1　习题 7-1 示意图

7-2　什么是液体管网的水压图？简述绘制水压图的基本步骤。

答：在液体管网中，将各节点的测压管水头高度顺次连接起来形成的线，称为水压曲线；水压曲线与管路中心线、水平距离坐标轴以及表示水压高度的纵轴组成的图形称为水压图。绘制水压图的步骤是：

（1）选取适当的水压基准面；

（2）确定液体管网系统的定压点（压力基准点）及其测压管水头高度；

（3）根据水力计算结果，沿液体循环流动方向，顺次确定各管段起止点的测压管水头高度；

（4）顺次连接各点的测压管水头的顶端，即可获得系统的水压图。

7-3　什么是管网的静水压线？确定室外集中供暖热水管网静水压线要考虑哪些主要因素？

答：静水压线是管网的循环水泵停止工作时，管路上各点的测压管水头连接线，根据联通器原理，它应是一条水平的直线。静水压线的高度必须满足下列的技术要求：

（1）与热水网路直接连接的供暖用户系统内，底层散热器所承受的静水压力应不超过散热器的承压能力；

（2）热水网路及与它直接连接的供暖用户系统内，不会出现气化或倒空。

7-4　在气体管网的压力分布图中，吸入段和压出段各有什么显著特征？

答：吸入段的特征主要是：（1）吸入段的全压和静压均为负值，在风机入口负压最大，风管的连接处如果不严密，会有管外气体渗入；（2）在吸入管段中静压绝对值为全压绝对值与动压值之和；（3）当管网系统中只有吸入管段时，风机的风压应等于吸入管网的阻力及出口动压损失之和。

压出段的特征主要是：（1）压出段的全压和为正值，在风机出口全压最大；（2）压出段的静压一般为正值，此种情况下，全压的绝对值为静压绝对值和动压绝对值之和，但在管段截面积很小的断面，由于动压上升，也可能出现静压为负的情况，此时动压的绝对值等于静压和全压绝对值之和。

另外，在吸入段和压出段，全压均是沿程下降的，而在风机的进出口处全压的绝对值达到最大。静压的绝对值一般亦达到最大，如接口不严密，渗漏将很严重，既降低了风机的性能，又增加了管网内外掺混形成气体污染的可能性。

7-5　什么是调节阀的工作流量特性？在串联管道中，怎样才能使调节阀的工作流量特性接近理性流量特性？

答：调节阀的工作流量特性是指调节阀在前后压差随负荷变化的工作条件下，调节阀的相对开度与相对流量之间的关系。在串联管路中，调节阀全开时阀前后压差与系统总压差的比值称为阀权度，阀权度值的范围是 0～1，其值越接近 1，调节阀的工作流量特性与理想流量特性越接近。

7-6　对于有串联管路的调节阀，阀权度对其性能有何影响？“阀权度越大越好”，这种说法是否正确？

答：有串联管路的调节阀，其工作流量特性将偏离理想流量特性。当管道阻抗为零时，阀权度 $S_v=1$，系统的总压差全部降落在调节阀上，调节阀的工作特性与理想特性是一致的；随着管道阻抗增大，S_v 值减小，使系统降落在调节阀上的压力损失相对减小，调节阀全开时的流量将减小；理想流量特性为直线特性的调节阀，当 $S_v<0.3$ 时，其工作流量特性曲线严重偏离理想流量特性，而近似快开特性；对于等百分比流量特性，当 $S_v<0.3$ 后，其工作流量特性虽然也严重偏离理想特性而变成近似直线特性，仍然有较好的调节作用，但此时可调范围已显著减小。从上述分析可知，必须使调节阀压降在系统压降中占有一定的比例，才能保证调节阀具有较好的调节性能，因此一般不希望 $S_v<0.3$。另一方面，从经济观点出发，希望调节阀全开时的压降尽可能小一些，这样可以减小管网压力损失，节省运行能耗。一般在设计中 $S_v=0.3\sim0.5$ 是较合适的。

7-7　选择直通调节阀的流量特性应考虑哪些因素？

答：主要考虑如下两方面的因素：一是调节系统的特性。在建筑环境与设备工程领域，调节阀经常用来调节热交换器的流量进而调节换热量，因此往往需要考虑阀门的流量特性与热交换器静特性综合后的整体特性；二是调节阀的阀权度，因为阀权度将影响调节阀的工作流量特性偏移理想特性的程度。

7-8　试分析阀门流通能力的物理意义。阀门的流通能力与其两端的压差有关吗？

答：调节阀门流通能力的定义式是：$C=\dfrac{Q}{\sqrt{\dfrac{\Delta P}{\rho}}}=\dfrac{F}{\sqrt{\zeta}}\sqrt{2}$，式中 ΔP 为调节阀前后的压差，ρ 为流体的密度，F 为调节阀的接管面积，ζ 为调节阀在某一开度下的阻力系数。因此，调节阀门流通能力的物理意义是：当阀门两端作用某一规定压差时，单位时间流过某一密度流体的流量，它与其两端的压差无关，取决于阀门的构造形式与尺寸，并与开度有关，因此，通常流通能力是指阀门全开时的流通能力。

7-9　简述管网水力稳定性的概念。提高管网水力稳定性的主要途径是什么？

答：管网中各个管段或用户，在其他管段或用户的流量改变时，保持本身流量不变的能力，称其为管网的水力稳定性。通常用管段或用户规定流量 Q_g 和工况变动后可能达到的最大流量 Q_{max} 的比值 y 来衡量管网的水力稳定性，即 $y=\dfrac{Q_g}{Q_{max}}$。

因 $y=\dfrac{Q_g}{Q_{max}}=\sqrt{\dfrac{\Delta P_y}{\Delta P_w+\Delta P_y}}=\sqrt{\dfrac{1}{1+\dfrac{\Delta P_w}{\Delta P_y}}}$，可见提高管网水力稳定性的主要方法是相对地减小管网中干管的压降，或相对地增大用户系统的压降。

7-10　什么是水力失调？怎样克服水力失调？

答：管网中的管段实际流量与设计流量不一致，称为水力失调。水力失调的原因主要是：(1) 管网中的动力源提供的能量与设计不符，包括两个方面：一是动力源的实际工作参数与设计参数不符，二是管网的设计动力与在设计流量下的动力需求不符，即管网的动力源匹配不合理；(2) 管网的流动阻力特性发生变化，即管网阻抗与设计值不符。

要克服管网的水力失调，必须首先使管网在各管段流量为设计值时，管网能够满足能量平衡，即所有环路中的动力与流动阻力相平衡，这里的动力和阻力既包括管网内部的因素，也包括环境对管网的作用（如重力因素等）。另外，由于实际运行条件的变化（如管网安装状况、管道及设备的变化、用户流量调整等）使管路阻抗发生变化，需要能够采取恰当的调节措施，使管网所有环路在提供的动力与各管段流量为要求值时的阻力相平衡。

7-11　有哪些技术措施，可以增加和减小热水采暖管网的流量？说出这些办法的优缺点。

答：增加热水采暖管网流量的措施主要有：(1) 更换更大的管径，或开大管网中的阀门开度，这样可以减小管网的阻抗，从而增大流量。更换更大的管径需要增加材料和工程改造费用，在可能的条件下开大管网中的阀门开度则简单易行。上述方法可以降低管网能耗。(2) 更换流量和压头更大的循环水泵，或提高水泵的转速。更换更大的循环水泵需要增加投资和运行能耗费用，并要占用更大的水泵房空间，而提高水泵转速的前提是水泵原来的转速低于其额定转速，且转速提高后也不能超过其额定转速，以免发生电动机超载的危险。

7-12　图 7-2 是一个机械送风管网。水力计算结果见表 7-1。

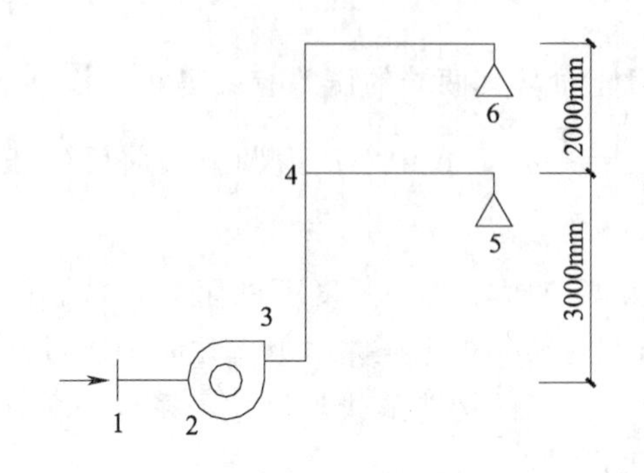

图 7-2　机械送风管网示意图

机械送风管网水力计算表　　　**表 7-1**

管　段	1-2	3-4	4-6	4-5
流量（m^3/h）	5000	5000	2000	3000
阻力（Pa）	100	150	200	200
管径（mm）	700	700	400	500

（1）求该管网的特性曲线；（2）为该管网选择风机；（3）求风机的工况点，并绘制管网在风机工作时的压力分布图；（4）求当送风口 5 关闭时风机的工况点并绘制此时管网的压力分布图；（5）送风口 5 关闭后，送风口 6 的实际风量是多少？要使其得到设计风量，应该如何调节？

解：（1）根据 $S=\dfrac{\Delta P}{Q^2}$ 计算出各管段的阻抗，见表 7-2。4-6 和 4-5 管段并联阻抗为：$S_{(4-5)并(4-6)}=(S_{4-5}^{-1/2}+S_{4-6}^{-1/2})^{-2}=103.68kg/m^7$，则管网总阻抗为 233.28$kg/m^7$。据此可绘制管网特性曲线，见图 7-3。

各管段的阻抗计算结果　　　**表 7-2**

管段阻抗（kg/m^7）	51.84	77.76	648	288
风机工作时各管段风量（m^3/h）	6000	6000	2400	3600
风机工作时各管段阻力（Pa）	144	216	288	288

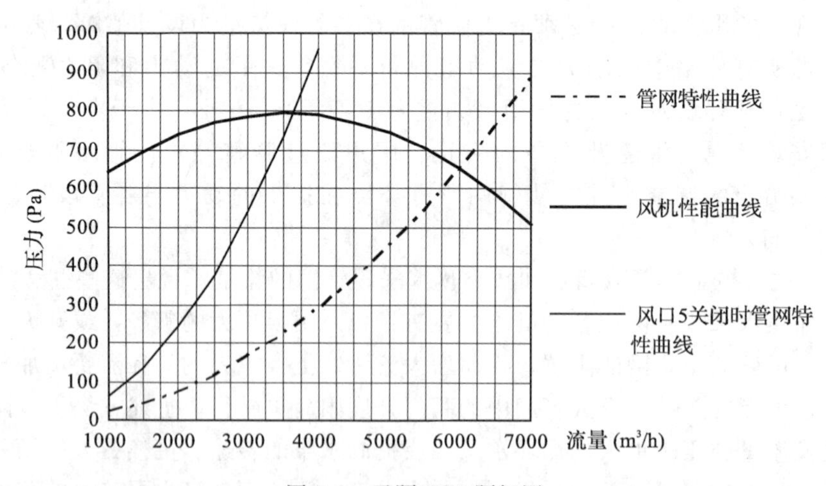

图 7-3　习题 7-12 题解图

（2）根据该管网的风量和风压需求，选择 T4-72NO. 5A 型普通离心风机，额定转速为 1450r/min。其性能曲线见图 7-3。它与（1）中求出的管网特性曲线（图中虚线）

的交点为风机的工况点，可以求出风机的工作风量为 6000m³/h，输出全压为 648Pa。此时各管段的实际流量见表 7-2。其中，管段 4-5 和 4-6 的流量分配按 $Q_{4-5}:Q_{4-6}=S_{4-5}^{-1/2}:S_{4-6}^{-1/2}$ 计算。按照 $\Delta P=SQ^2$ 计算出各管段的实际压力损失，见表 7-2，绘制压力分布图，见图 7-4。

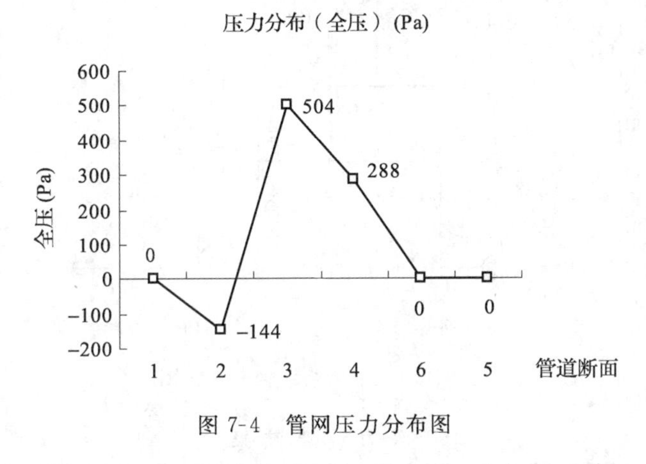

图 7-4　管网压力分布图

（3）送风口 5 关闭后，管网的总阻抗为 777.6kg/m⁷，作此时管网特性曲线，见图 7-3 中细实线。此时风口 6 的实际风量为 3750m³/h。欲使其风量为设计风量 2000m³/h，可调整风机转速至 $1450\times\frac{2000}{3750}=773\text{r/min}$。

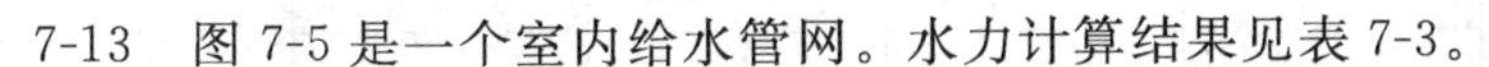

7-13　图 7-5 是一个室内给水管网。水力计算结果见表 7-3。

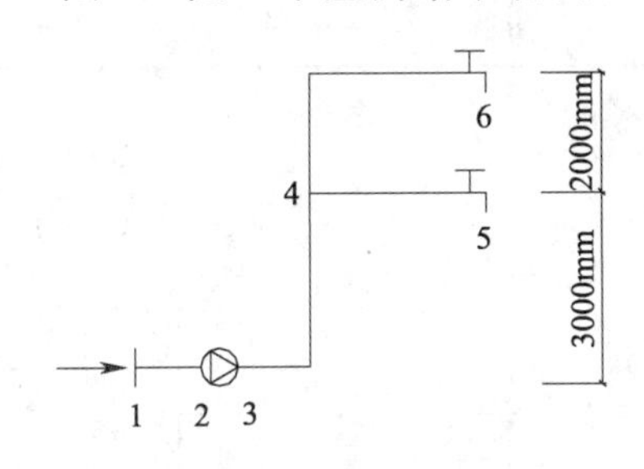

图 7-5　某室内给水管网示意图

水力计算表　　　　**表 7-3**

管　段	1-2	3-4	4-6	4-5
流量（kg/h）	5000	5000	2000	3000
阻力（kPa）	15	15	25	25

求该管网水泵要求的扬程并绘制水压图。水龙头出水要求有 2m 的剩余水头。

解：该管网水泵要求的扬程 H 按管路 1-2-3-4-6 计算。

$$
\begin{aligned}
H &= \Delta H_{1-2-3-4-6}+(Z_6-Z_1)+H_{d出}\\
&= (15+15+25)\ \text{kPa}/10\text{kPa}/\text{mH}_2\text{O}+5\text{mH}_2\text{O}+2\text{mH}_2\text{O}\\
&= 12.5\text{mH}_2\text{O}
\end{aligned}
$$

实际工程中选择水泵时还应根据工程情况考虑 10%～20%的安全余量，以保证在实际条件与计算条件发生偏差时仍能满足要求。以水泵轴线标高为基准面，绘制水压图，如图 7-6所示。

7-14　图 7-7 是一个室内热水采暖管网。水力计算结果见表 7-4。

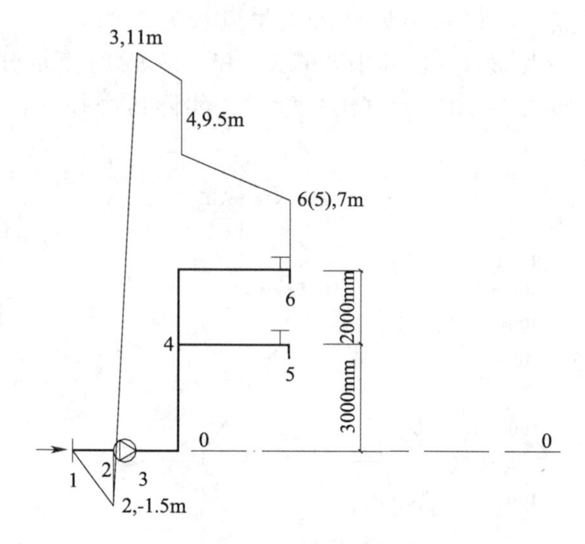

图 7-6　某室内给水管网水压图

水力计算结果　　表 7-4

管　段	1-2	2-3	3-4	4-5	2-5	5-6
流量（kg/h）	6000	3000	3000	3000	3000	6000
阻力（Pa）	25000	15000	35000	15000	65000	30000
管径（mm）	50	32	32	32	25	50

（1）求该管网的特性曲线；

（2）为该管网选择水泵、求水泵的工况点，并绘制管网在水泵工作时的压力分布图；

（3）求当 3-4 之间的阀门关闭时水泵的工况点并绘制此时管网的压力分布图；

（4）3-4 之间的阀门关闭后，2-5 之间的用户的实际流量是多少？要使其得到设计流量，该如何调节？

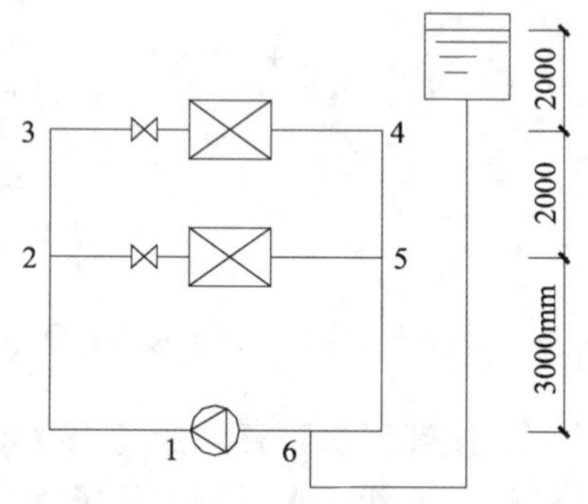

图 7-7　某室内热水采暖管网示意图

解：（1）根据 $S=\dfrac{\Delta P}{G^2}$ 计算各管段阻抗，其中流量 G 的单位为 t/h，ΔP 的单位为 mH_2O，管段阻抗单位为 $mH_2O/(t/h)^2$。计算结果见表 7-5；按照管段的串并联关系，计算管网系统得总阻抗，见表 7-5。

因此，此管网的管网特性曲线方程为 $H=0.3401G^2$，其中流量 G 的单位为 t/h。绘出管网特性曲线如图 7-8（a）中曲线 I。

（2）该管网设计总流量 6t/h，总阻力 $12mH_2O$。选择 IRG40-100 型离心式管道热水泵，其性能参数如表 7-6 所示。

阻抗计算结果 [$mH_2O/(t/h)^2$]　　表 7-5

管　段	1-2	2-3	3-4	4-5	2-5	5-6
管段阻抗	0.0709	0.1701	0.3968	0.1701	0.7370	0.0850
2-3，3-4，4-5 串联阻抗	0.7370					
2-3-4-5 与 2-5 并联阻抗	0.1842					
系统总阻抗	0.3401					

IRG40-100 型离心式热水泵性能参数　　表 7-6

流量（t/h）	扬程（mH_2O）	转速（r/min）	功率（kW）	电机功率（kW）
4.4	13.2	2900	0.33	0.55
6.3	12.5		0.4	
8.3	11.3		0.48	

将水泵的特性曲线绘制在图 7-8（*a*）中，即曲线 II，它与管网特性曲线 I 的交点 a 为水泵的工况点。由图可知，水泵输出流量为 6.10t/h，扬程为 12.6mH_2O。管段 3-4 和管段 2-5 的流量均为 3.05t/h，各管段阻力见表 7-7。

各管段阻力计算结果　　表 7-7

管　段	1-2	2-3	3-4	4-5	2-5	5-6
流量（t/h）	6.10	3.05	3.05	3.05	3.05	6.10
阻抗 [$mH_2O/(t/h)^2$]	0.0709	0.1701	0.3968	0.1701	0.7370	0.0850
阻力（mH_2O）	2.6	1.6	3.7	1.6	6.8	3.2

以水泵轴线为压力 0-0 基准高度线。膨胀水箱与管网的联结点 6 为定压点，水头值为 7mH_2O，根据各管段的阻力和水泵的工作扬程，可计算出各节点的水头，见表 7-8。

各节点水头计算结果　　表 7-8

节　点	1	2	3	4	5	6
水头（mH_2O）	19.6	17.0	15.4	11.7	10.2	7.0

水压图如图 7-8（*b*）所示。

（3）3-4 管段上的阀门关闭，此时系统的总阻抗为 0.8929$mH_2O/(t/h)^2$，管网特性曲线见图 7-8（*a*）曲线 III。水泵工况点为 b，输出流量为 3.86t/h，水泵扬程13.3mH_2O。各管段阻力与节点压力计算结果见表 7-9。水压图如图 7-8（*c*）所示。

各管段阻力与节点压力计算结果　　表 7-9

管段编号	管段阻力（mH_2O）	节点编号	节点压力（mH_2O）
1-2	1.1	1	20.3
2-5	11.0	2	19.3
5-6	1.3	5	8.3
6-1	0.0	6	7.0

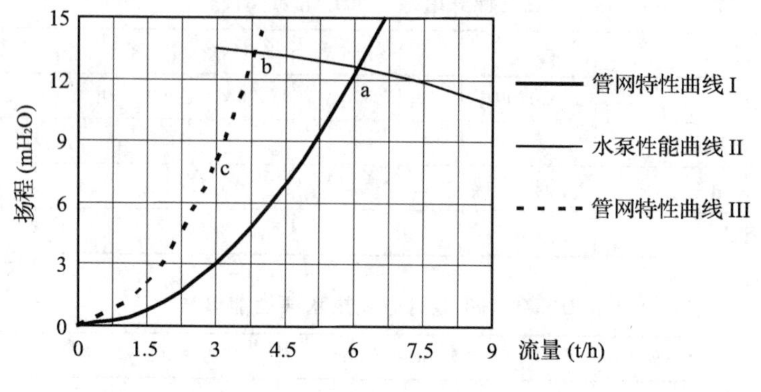

图 7-8（*a*） 管网与水泵特性曲线图

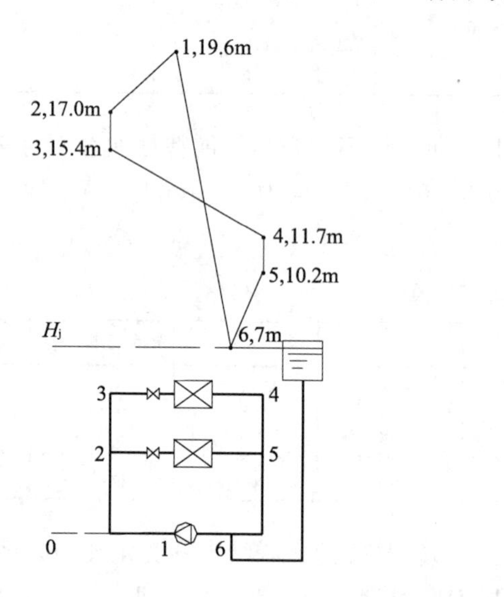

图 7-8（*b*） 水泵工作时管网的压力分布图

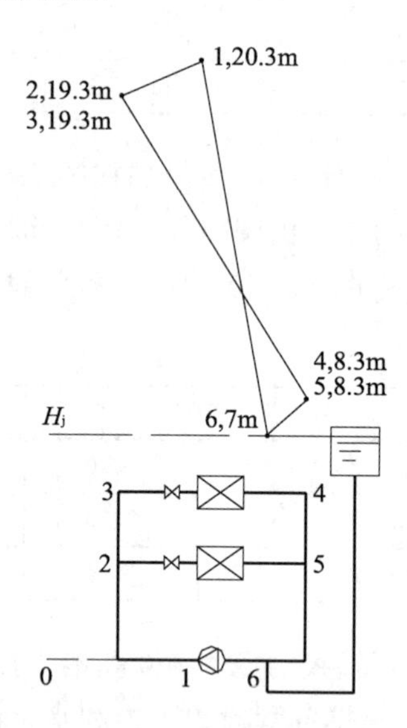

图 7-8（*c*） 阀门关闭时管网的压力分布图

（4）3-4 管段上的阀门关闭后，2-5 之间的用户流量为 3.86t/h。欲使该用户保持设计流量 3t/h，可以关小 2-5 管段上的阀门，将管网阻抗增加至 1.4950$mH_2O/(t/h)^2$，此时水泵扬程为 13.5mH_2O；或调节水泵的转速，此时应使水泵工作在 $G'=3t/h$ 的竖直线与管网特性曲线 III 的交点 c。c 与 b 为相似工况点，因此可根据相似关系式计算得出水泵的转速：

$$n'=n\times\frac{G'}{G}=2900\times\frac{3}{3.86}=2254r/min$$

此时水泵扬程为 8.0mH_2O。

7-15 如图 7-9 所示，在设计流量 $Q_I=Q_{II}=Q_{III}=100m^3/h$ 时，阻力 $\Delta P_{AA1}=\Delta P_{A1A2}=\Delta P_{A2A3}=20kPa$；$\Delta P_{B3B2}=\Delta P_{B2B1}=\Delta P_{B1B}=20kPa$；$\Delta P_{A3B3}=80kPa$。

（1）绘制此管网的压力分布图；

（2）用户 II 开大阀 2，将流量 Q_{II} 增加到 150m^3/h。此时 $\Delta P_{A2B2}=100kPa$，这时管网的压力分布图将怎样变化？并请计算 I、III 的水力失调度；

（3）计算用户 III 的水力稳定性，提出增大用户水力稳定性的措施。

A
A1
A2
A3
1
2
3
I
II
III
B
B1
B2
B3

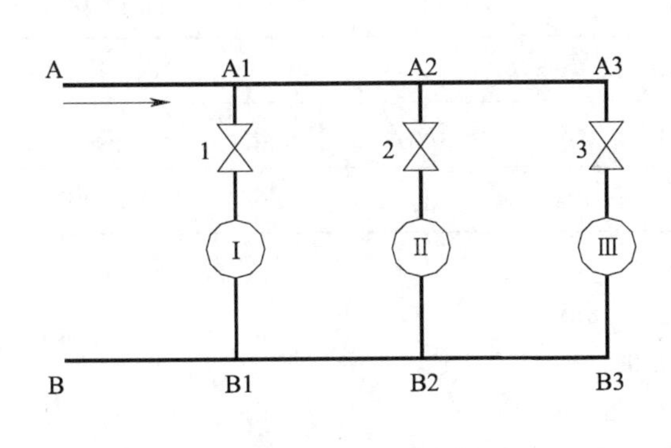

图 7-9　习题 7-15 图

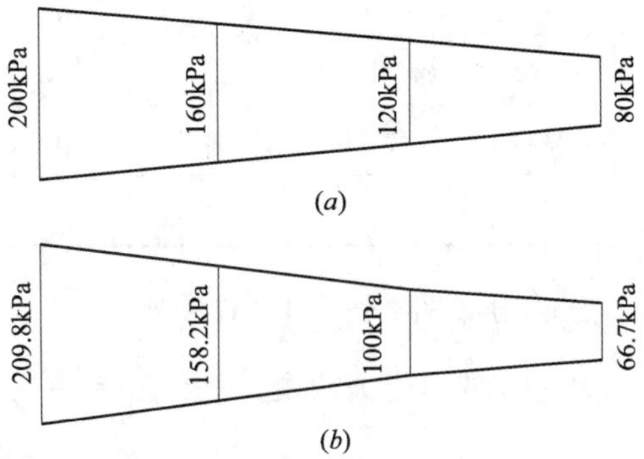

200kPa
160kPa
120kPa
80kPa
(a)
209.8kPa
158.2kPa
100kPa
66.7kPa
(b)

图 7-10　习题 7-15 解答图

解：(1) 压力分布图如图 7-10 (*a*) 所示。

(2) 根据各管段压降和流量，用 $S=\dfrac{\Delta P}{Q^2}$ 计算各管段阻抗，见下表。A2-B2 管段的阀门开度发生了变化，其阻抗相应地发生变化，采用调节阀门后的压降和流量计算；其余各管段阻抗不发生变化，可采用原来的流量与压降计算，如表 7-10 所示。

各管段阻抗计算结果　　　　**表 7-10**

管　段	压降 (Pa)	流量 (m^3/h)	阻抗 [$Pa\cdot(m^3/h)^{-1}$]
A-A1	20000	300	0.222
A1-A2	20000	200	0.5
A2-A3	20000	100	2
A1-B1	160000	100	16
A2-B2	100000	150	4.444
A3-B3	80000	100	8
B3-B2	20000	100	2
B2-B1	20000	200	0.5
B1-B	20000	300	0.222

管网水力工况计算见表 7-11。

管网水力工况计算　　　　**表 7-11**

用户 III 流量 (m^3/h)	$Q_3=\left(\dfrac{\Delta P_{A2\text{-}A3}}{S_{A2\text{-}A3}+S_{A3\text{-}B3}+S_{B3\text{-}B2}}\right)^{\frac{1}{2}}$	91.29
用户 II 流量 (m^3/h)	Q_2 已知	150
A1-A2 和 B2-B1 压降 (Pa)	$\Delta P_{A1\text{-}A2}+\Delta P_{B2\text{-}B1}=(S_{A1\text{-}A2}+S_{B2\text{-}B1})(Q_2+Q_3)^2$	58219.46
A1-B1 压降 (Pa)	$\Delta P_{A1\text{-}B1}=\Delta P_{A2\text{-}B2}+\Delta P_{A1\text{-}A2}+\Delta P_{B2\text{-}B1}$	158219.46
用户 I 流量 (m^3/h)	$Q_1=\left(\dfrac{\Delta P_{A1\text{-}B1}}{S_{A1\text{-}B1}}\right)^{\frac{1}{2}}$	99.44

续表

总流量（m^3/h）	$Q=Q_1+Q_2+Q_3$	340.73
A-A1 和 B1-B 压降（Pa）	$\Delta P_{A\text{-}A1}+\Delta P_{B1\text{-}B}=(S_{A\text{-}A1}+S_{B1\text{-}B})Q^2$	51598.37
总压降（Pa）	$\Delta P=\Delta P_{A\text{-}A1}+\Delta P_{B1\text{-}B}+\Delta P_{A1\text{-}B1}$	209817.83

压力分布图如图 7-10（*b*）所示。

用户 I 的水力失调度：$\chi_{I}=\dfrac{Q_{sI}}{Q_{gI}}=\dfrac{99.44}{100}=0.99$

用户 III 的水力失调度：$\chi_{I}=\dfrac{Q_{sIII}}{Q_{gIII}}=\dfrac{91.29}{100}=0.91$

（3）用户 III 的水力稳定性 $y_{III}=\dfrac{Q_{gIII}}{Q_{IIIImax}}=\sqrt{\dfrac{\Delta P_{III}}{\Delta P_{III}+\Delta P_{W}}}=\sqrt{\dfrac{80}{80+120}}=0.63$。提高用户水力稳定性的主要方法是相对地增大网路干管的管径，以减小网路干管的压降；或相对地增大用户系统的压降。适当地增大靠近动力装置的网路干管的直径，对提高网路的水力稳定性效果更为显著；为了增大用户系统的压降，可采用安装高阻力小管径的阀门等措施。在运行时，应尽可能将网路干管上的阀门开大，而把剩余作用压差消耗在用户系统上。

7-16　如图 7-11 所示的管网，在设计流量 $Q_{I}=Q_{II}=Q_{III}=240m^3/h$ 时，各管段的流动阻力为：$\Delta H_{AA1}=\Delta H_{A1A2}=\Delta H_{A2A3}=5mH_2O$；$\Delta H_{B3B2}=\Delta H_{B2B1}=\Delta H_{B1B}=5mH_2O$，$\Delta H_{AB}=10mH_2O$，$\Delta H_{A3B3}=10mH_2O$。水泵转速为 1450r/min，性能参数见表 7-12。

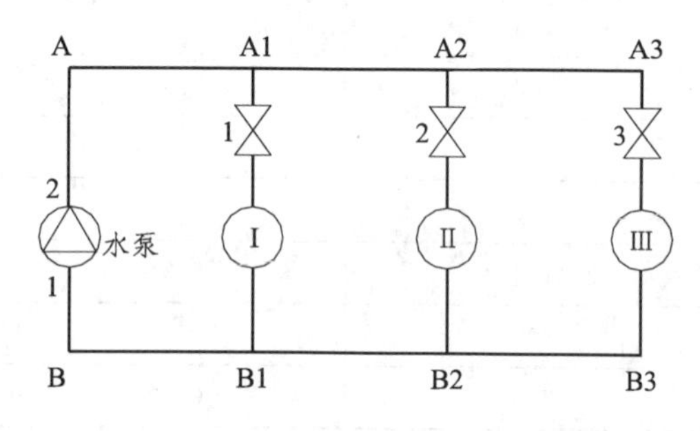

图 7-11　习题 7-16 图

水泵性能参数表　　表 7-12

参数序号	1	2	3
流量（m^3/h）	500	720	900
扬程（mH_2O）	54.5	50	42
效率（%）	72	80	80

（1）由于负荷减小，三个用户均关小自己的阀门，将流量降低到 $167m^3/h$，求此时水泵的工况点，计算其消耗的功率。这时，各个用户支路的阻抗分别增加了多少？计算阀门上的功率损耗。

（2）若用户阀门开度不变，依靠水泵变频调小转速来满足用户的流量需求（三个用户均为 $167m^3/h$），求此时水泵的转速和消耗的功率。

（3）如果控制水泵进出口的压差恒定（$P_2-P_1=50mH_2O$）来控制水泵的转速以满足用户的流量需求（三个用户均为 $167m^3/h$），此时各个用户仍需调小阀门。试求水泵此时的转速和消耗的功率，并计算因各个用户关小阀门增加的功率损耗。

（4）根据（1）～（3）的计算结果，你能得到什么样的启示？

解：(1) 此时管网系统的总流量为 500m^3/h。水泵的性能曲线不变，因此，水泵的工况点应调整到图 7-12 中的 b 点，水泵输出扬程应为 54.5mH_2O，则管网系统的总阻抗

$$S'=\frac{54.5}{500^2}=2.180\times10^{-4}mH_2O\cdot(m^3/h)^{-2}$$

管网特性曲线为图 7-12 中曲线 II。水泵消耗的功率

$$N'=\frac{54.5\times9807\times500}{3600\times0.72\times1000}=103.10kW$$

根据设计流量和压降，可计算出各管段的设计阻抗，列于表 7-13。各干管不进行调节，阻抗不变，可按照调节后的流量计算出用户支路调节后各干管的压降，列于表 7-13。支路 A3B3 的压降＝调节后系统总压降－干管 A-A3 压降－干管 B3-B 压降－干管 B-A 压降。同理依次计算支路 A2B2、支路 A1B1 的压降，列于表 7-13。根据用户支路调节后的流量和压降，可计算出调节后的阻抗和阻抗的增量，见表 7-13。

管段阻抗计算　　表 7-13

管段	设计压降 (mH_2O)	设计流量 (m^3/h)	设计阻抗 [$mH_2O/(m^3/h)^2$]	调节后流量 (m^3/h)	调节后压降 (mH_2O)	调节后阻抗 [$mH_2O/(m^3/h)^2$]	阻抗增加值 [$mH_2O/(m^3/h)^2$]
A-A1	5	720	9.64506E-06	500	2.41	未调节	0
A1-A2	5	480	2.17014E-05	333	2.41	未调节	0
A2-A3	5	240	8.68056E-05	167	2.42	未调节	0
A1-B1	30	240	5.20833E-04	167	44.85	0.001608331	1.08750E-03
A2-B2	20	240	3.47222E-04	167	40.04	0.001435757	1.08854E-03
A3-B3	10	240	1.73611E-04	167	35.20	0.001262146	1.08854E-03
B3-B2	5	240	8.68056E-05	167	2.42	未调节	0
B2-B1	5	480	2.17014E-05	333	2.41	未调节	0
B1-B	5	720	9.64506E-06	500	2.41	未调节	0
B-A	10	720	1.92901E-05	500	4.82	未调节	0

管网在设计状况下的阻抗是：

$$S'=\frac{50}{720^2}=9.645\times10^{-5}mH_2O\cdot(m^3/h)^{-2}$$

设计状况下的管网特性曲线为图中曲线 I。如果用户的阀门不调节，管网工作在 500m^3/h的流量时，需要的扬程是 24.1mH_2O，即图 7-12 中 c 点，该点与 a 点为相似工况点，效率近似相等。因此阀门上的功率损耗为：

$$\Delta N=103.1-\frac{24.1\times9807\times500}{3600\times0.80\times1000}=103.10-41.03=62.07kW$$

(2) 若用户阀门开度不变，依靠水泵变频调小转速来满足用户的流量需求，此时管网工作在 500m^3/h，需要的扬程是 24.1mH_2O，即图 7-12 中 c 点，c 点与 a 点为相似工况点，应用相似律关系式，转速应为：

$$n'=\frac{500}{720}n_0=\frac{500}{720}\times1450=1007r/min$$

功率应为：

$$N_c=\left(\frac{1007}{1450}\right)^3\times\frac{50\times9807\times720}{3600\times0.80\times1000}=41.06\text{kW}$$

(3) 如果控制水泵进出口的压差恒定（$P_2-P_1=50\text{mH}_2\text{O}$）来控制水泵的转速，此时水泵工作的扬程应为 $50\text{mH}_2\text{O}$、流量为 $500\text{m}^3/\text{h}$，即应工作在图 7-12 中 d 点。过 d 点作相似工况曲线，$H=kQ^2$，$k=\frac{50}{500^2}=0.0002\ \text{mH}_2\text{O}\cdot(\text{m}^3/\text{h})^{-2}$ 与管网特性曲线 III 重合，与水泵性能曲线的交点 e 与 d 为相似工况点，应用相似律关系式，水泵此时的转速：

$$n_d=\frac{Q_d}{Q_e}n_0=\frac{500}{525}\times1450=1381\text{r/min}$$

水泵此时的功率：

$$N_d=\frac{50\times9807\times500}{3600\times0.73\times1000}=93.29\text{kW}$$

阀门上的功率损耗 $\Delta N'=N_d-N_c=93.29-41.06=52.23\text{kW}$

(4) 通过以上计算，我们发现，当不调节水泵，仅管网通过关小阀门减小流量时，阀门上的功率损耗最大；保持水泵输出压差不变、调整水泵的转速以减小流量的方法，阀门上的功率损耗稍小，水泵节电效果不明显；如果能够保持阀门开度不变、减小水泵的转速以调小流量，水泵的节电效果最明显，但应注意，这种情况下，各用户的流量比例与设计流量下的比例保持一致。

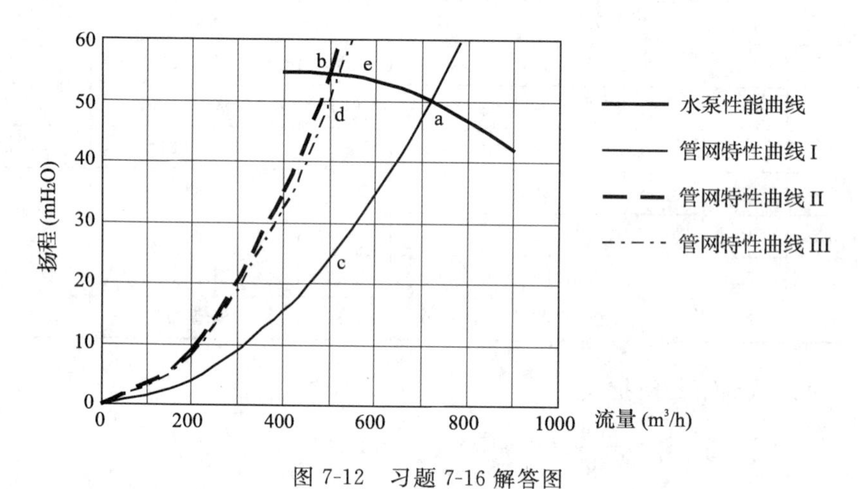

图 7-12 习题 7-16 解答图

7-17 确定某蒸汽管路 VP 型单座直通调节阀的口径。阀前蒸汽绝对压力为 $4\times10^5\text{Pa}$，回水绝对压力为 $1\times10^5\text{Pa}$，所需最大加热量为 174.16kW。VP 型单座直通调节阀的主要参数见表 7-14。

解：查水蒸气表可得绝对压力为 $4\times10^5\text{Pa}$ 下水蒸汽的饱和温度为 143.62℃，汽化潜热为 $r=2133.8\text{kJ/kg}$。

现计算其流量：

$$G_D=\frac{Q}{r}\times3600=\frac{174.16}{2133.8}\times3600=293.8\text{kg/h}$$

$\therefore \frac{P_2}{P_1}<0.5$，调节阀出口的绝对压力应为：

$P_{2kp}=P_1/2=2\times10^5\text{Pa}$，对应密度 $\rho_{2kp}=1.13\text{kg/m}^3$

故最大流通能力为：

$$C_{max}=\frac{10G_D}{\sqrt{\rho_{2kp}\ (P_1-P_{2kp})}}=\frac{10\times293.83}{\sqrt{1.13\times\ (4-2)\ \times10^5}}=6.18$$

查表 7-14 可知，可选择公称直径 25mm，阀座直径 26mm 的阀门，流通能力 $C=8$。

7-18　为某空调机组表冷器的冷水管路选择 VP 型直通单座调节阀，并进行开度和可调比验算。支路的压差为 $5\text{mH}_2\text{O}$，最大水流量为 $10\text{m}^3/\text{h}$，最小水量为 $3\text{m}^3/\text{h}$。

VP 型单座直通调节阀主要参数表　　**表 7-14**

公称直径 (mm)	阀座直径 (mm)	流通能力 C	最大行程 (mm)	流量特性	公称压力 (MPa)	允许压差 (MPa)	工作温度 (℃)
20	10 12 15 20	1.2 2 3.2 5	10	直线、等百分比	1.6 4.0 6.4	≥1.35	普通型：−20～200 (铸铁) 散热型：−40～450 (铸钢) −60～450 (铸不锈钢) 长颈型：−250～60
25	26	8	16			0.8	
32	32	12	16			0.55	
40	40	20	25			0.5	
50	50	32	25			0.3	
65	66	50	40			0.3	
80	80	80	40			0.2	
100	100	120	40			0.12	
125	125	200	60			0.12	
150	150	280	60			0.08	
200	200	450	60			0.05	

解：

(1) 采用流量特型为直线型的调节阀，$S_V=0.5$

(2) 计算流通能力

阀门全开时的压差 $\Delta P=0.5\times5\times10^4=2.5\times10^4\text{Pa}$

$$C=\frac{316Q}{\sqrt{\frac{\Delta P}{\rho}}}=316\times10\times\sqrt{\frac{1}{2.5\times10^4}}=19.99$$

查表，选择公称直径 40mm 的阀门，流通能力 $C=20$。

(3) 开度验算，最大流量时：

$$K_{\max}=\left[1.03\times\sqrt{\frac{S_V}{\frac{C^2\Delta P/\rho}{10^5 Q_i^2}+S_V-1}}-0.03\right]\times100\%$$

$$=\left[1.03\times\sqrt{\frac{0.5}{\frac{20^2\times2.5\times10^4/1}{10^5\times10^2}+0.5-1}}-0.03\right]\times100\%$$

$$=100\%$$

最小流量时：

$$k_{\max}=\left[1.03\times\sqrt{\frac{S_V}{\frac{c^2\Delta P/\rho}{10^5 Q_i^2}+S_V-1}}-0.03\right]\times100\%$$

$$=\left[1.03\times\sqrt{\frac{0.5}{\frac{20^2\times2.5\times10^4/1}{10^5\times3^2}+0.5-1}}-0.03\right]\times100\%$$

$$=19.36\%$$

（4）可调比验算

$$R_S=10\sqrt{S_V}=10\times\sqrt{0.5}=7$$

实际最大流量与最小流量之比为 10/3=3.33，可调比满足要求。

第8章　环状管网水力计算与水力工况分析

学习要点：

8.1　管网图及其矩阵表示

（1）沿线流量、节点与节点流量

分散连接在城市热力管网、给水排水管网和燃气管网等的干管或分配管上分散的小流量被称为沿线流量，或途泄流量。假定沿线流量均匀分布在全部干管上，计算出每米管线长度的沿线流量，称做比流量。通过管段输送到下游管段的流量称为转输流量。管网中各管段的端点称为节点，从节点处流入或流出管网的流量称为节点流量，一般规定节点流量流入为正、流出为负。管网分析时，须将沿线流量转化成节点流量，转化的方法是把沿线流量分成两部分，按一定比例并保持管段整体水力特性不变地转移到管段两端的节点上，从而管段上不再有沿线流量，便于建立计算模型。

（2）管网图

如果只考虑管段和节点的拓朴属性，即仅考虑管段和节点之间的关联关系时，流体输配管网即被抽象为图。由于是由管网抽象而成，也称为管网的网络图，简称为管网图。与管段或节点有关的各种属性参数作为“权”值，赋予管段或节点。

（3）图论的基本概念

节点、分支、图和有向图；关联；链、基本链、回路和基本回路；通路和基本通路；有向赋权图。

树的定义是：如果一个连通图不包含任何回路，该连通图称为树，并称树中的分支为树枝。树中不相邻的两节点之间加上一条边（分支），恰好得到一个回路；如果树的节点数为 J，树的分支数为 L，则 $L=J-1$。生成树的定义是：连通图 G 的生成树 T 是 G 的一个子图，它包含全部节点和连接各节点的分支（树枝），但不包含任何一条回路。通常讨论的树都是生成树。在连通赋权图 G 中，生成树不是唯一的，在所有生成树中，各分支的赋权值之和最小的生成树为最小树，各分支的赋权值之和最大的生成树为最大树。

（4）流体输配管网图的矩阵表示

管网图的关联矩阵和基本关联矩阵。在关联矩阵 B 中，每一行代表一个节点，行号是节点号；每一列代表一个分支，列号为分支号。矩阵 B 的特点是每一列中总有一个数是1，一个数是－1，其他皆为0。关联矩阵 B 中任一不为零的元素表示节点与分支关联。B 中每一列中不为零的元素有两个（1和－1），它们所在的行号分别表示与该列对应的分支相关联的节点号。每一行中不为零的元素所在的列号表示与该行对应节点相关联的分支号。矩阵 B 中任一零元素表示节点与对应的分支不关联。$J\times N$ 阶关联矩阵 B 中任意 $J-1$ 行线性无关。从关联矩阵 B 中除去节点 k 所对应的一行，得到 $(J-1)\times N$ 阶矩阵 B_k，称为管网图G对于参考节点V_k的基本关联矩阵，简称基本关联矩阵。

管网的基本回路矩阵和独立回路矩阵。在预先标定基本回路方向的情况下，由各分支与基本回路间的关系可以构成基本回路矩阵C。在基本回路矩阵C中，每一行代表一个基本回路，行号就是基本回路号；每一列代表一个分支，列号就是分支号。C中任一不为零的元素表示该列对应的分支在该行对应的基本回路上；C中第i行中不为零的元素对应的各列表示在该基本回路上的全部分支；第j列中不为零的元素对应的各行表示该分支所在的基本回路。矩阵中任一零元素表示该列对应的分支不在该行对应的基本回路上。一个管网图的基本回路矩阵的秩为$M=(N-J+1)$。在基本回路矩阵中，M行组成的基本回路矩阵线性无关，并且各行对应的基本回路相互独立。独立回路矩阵C_f定义为：在管网图的基本回路矩阵C中，$M=(N-J+1)$个独立回路对应的子矩阵，称为管网图的独立回路矩阵C_f，$M\times N$阶。

独立回路矩阵的生成方法：管网图的某个生成树加任意一个余枝可获得一个回路，且加上不同的余枝所得的回路各不相同（至少有一个不同的分支），它们组成的回路组是独立回路组，用独立回路组构成的基本回路矩阵是独立回路矩阵。独立回路数与余枝数相等。对C_f中的各列作余枝在前，树枝在后的排列，可得$C_f=[I\quad C_{12}]$。

关联矩阵与基本回路矩阵的关系：

$$B\cdot C^T=0,\ B_k\cdot C_f^T=0,\ C_{f12}=-B_{k11}^T(B_{k12}^{-1})^T$$

8.2 恒定流管网特性方程组及其求解方法

（1）节点流量平衡方程组

$$B_kQ=q'$$

Q为N阶分支流量列阵，$Q^T=(Q_1,\ Q_2,\ \cdots,\ Q_N)$，$q'$为$J-1$阶节点流量列阵，由节点流量列向量$q$去掉参考节点的节点流量得到。$B_k$中树枝所对应的$J-1$列是线性无关的，所以节点流量平衡方程组的解可以表示为余枝管段流量的线性组合，也可以说，如果确定了管网中对应于某个生成树的余枝管段的流量，树枝管段也就被确定。Q_I为与余枝对应的流量列阵，Q_{II}为与树枝管段对应的流量列阵，那么$Q_{II}=B_{k12}^{-1}q'-B_{k12}^{-1}B_{k11}Q_I=B_{k12}^{-1}q'+C_{f12}^TQ_I$。当管网的节点流量均为零时，$Q=C_f^TQ_I$。以上关系表明，树枝管段流量可以表示为余枝管段流量的线性组合。

（2）回路压力平衡方程组

$$C_f\ (\Delta P-H)\ =0$$

ΔP为N阶分支流动阻力列阵，$\Delta P=[\Delta P_1,\ \Delta P_2,\ \cdots,\ \Delta P_N]^T$；$H=[H_1,\ H_2,\ \cdots,\ H_N]^T$，为$N$阶分支动力列阵。由树枝的压力损失列阵可以求出所有分支的压力损失：

$$\Delta P=\begin{bmatrix}-C_{f12}\\ I\end{bmatrix}[\Delta P]_2$$

（3）分支阻力定律

$\Delta P_j=S_jQ_j^n$，$j=1\sim N$。n由管道流动阻力计算的基本公式确定，一般取$n=2$。

（4）泵或风机的性能曲线方程

通常采用二次多项式描述代数方程 $H=H(Q)$ 和 $N=N(Q)$，即：

$H=C_1+C_2Q+C_3Q^2$，$N=C'_1+C'_2Q+C'_3Q^2$。C_1，C_2，C_3、C'_1，C'_2，C'_3 为系数，可根据插值法或曲线拟合方法获得。

（5）求解恒定流管网特性方程组的回路方程法

管网的回路压力平衡方程组与节点流量平衡方程组一起共有 N 个独立方程，在已知各分支阻抗、节点流量以及泵或风机性能参数的前提下，可解出 N 个分支的流量值。由于回路压力平衡方程组是非线性的，当独立回路数大于 1 时，需要采用数值求解方法进行计算。回路方程法直接解出各个管段的流量，计算原理清晰。回路方程法的基本步骤是：假定余枝管段的初始流量；根据树枝流量与余枝流量的关系求解全部分支的初始流量；计算回路压力闭合差，计算余枝流量修正值，得到新的余枝流量，并计算所有分支流量；检查计算结果是否满足精度要求，如果满足，则计算结束，否则，以新的余枝流量为计算值，重新计算余枝流量修正值和各分支的流量，直至满足精度要求为止。

余枝流量修正值计算是回路方程法的关键。牛顿法计算流量修正值的方程组为：$A\times[\Delta Q_M]=-f$，式中，A 为雅可比矩阵；$[\Delta Q_M]$ 为 M 个余枝流量修正值组成的列向量；f 为 M 个独立回路压力闭合差组成的列向量。Cross 法计算流量修正值的公式：$\Delta Q_i=\dfrac{-f_i}{\dfrac{\partial f_i}{\partial Q_i}}$，$i=1\sim M$。

8.3　环状管网的水力计算

环状管网水力计算的基本步骤：

（1）绘制管网图，计算节点流量。

（2）环状干线水力计算。1）绘制管网的环状干线图；2）管段流量初始分配；3）初定管径；4）管网平差；5）校核各管段的水力参数，进行管径调整；6）计算各个节点的参考压力。

（3）枝状管线水力计算。1）计算各个管段的设计流量；2）选定最不利用户，根据控制比摩阻（或其他控制参数如经济流速等）对输送干线和连接最不利用户的枝状支线管段进行水力计算；3）根据压损平衡原理对其他枝状管线进行水力计算。

（4）计算管网的需用压力

结合实例，掌握利用教学配套软件进行环状管网平差计算的方法。

8.4　环状管网的水力工况分析与调节

（1）环状管网的水力工况分析

环状管网的水力工况分析的基本方法，是在已知管网布置和各管段结构参数（管径、管长、管件的局部阻力系数等）、泵（或风机）的性能等条件下，求解管网的节点流量平衡方程组和回路压力平衡方程组，获得各个管段的流量，进而计算管段压降、节点压力、泵（风机）的工作流量、扬程（全压）等水力工况参数。结合实例，掌握利用教学配套软件进行环状管网水力工况分析计算的方法。

（2）环状管网调节器的数量与位置

在管网图生成树的基础上选出的回路组，每个独立回路中的余枝管段各不相同。当管网的余枝管段流量为用户要求值时，若管网的独立回路压力平衡方程组得不到满足，此时第 i 个独立回路中的不平衡量为 ΔH_i，可改变调节阀的开度产生一个阻力增量（$-\Delta H_i$），使独立回路平衡方程组得到满足，则要求的流量分配方案将得以实现。调节阀的阻抗增量应为：$\Delta S_i=\frac{-\Delta H_i}{Q_i}$，式中 Q_i 为第 i 个独立回路中调节阀所在管段的流量值。阻抗增量应设在各个独立回路的余枝管段上，它们相互独立，不会造成回路之间相互的影响，个数为 $N-J+1$。当管网的动力装置——泵或风机的性能可以调节时（如变速调节），可将泵或风机视为调节装置的一部分，并且将泵或风机所在的分支选为余枝，从而减少管网所需阻力调节装置的个数。

习题精解：

8-1 什么是节点流量？

答：管网中，各管段的端点称为节点。从节点处流入或流出管网的流量称为节点流量。应注意的是，流经节点处的管段流量不是节点流量，因为它们在管网内部流动，并未流出管网，也不是从外界流入管网。

8-2 环状干线的初始流量分配在环状管网水力计算中有什么作用？“只要满足节点流量的平衡，环状干线各管段的流量可以任意分配”，这种说法正确吗？为什么？

答：(1) 选择管网各管段的管径时需要以流量为参考，故流量初始分配成为初定管径的依据。

(2) 这种说法是不正确的。流量初始分配对环状管网的设计有着重要的影响。不同的流量初始分配方案，将影响管径选择、管网造价、动力匹配及运行费用、事故工况的可靠性等技术经济问题。目前，针对城市给水、供热、燃气等管网的初始流量分配方法进行了优化研究，但由于涉及的目标很多，没有统一的优化分配方案，因此流量初始分配带有一定的经验性。需要强调的是，初始流量分配是管网设计时期望的流量输配方案，管网运行时的实际流量分配还要受到管径及管网的各种设备、附件的具体配置的影响。

8-3 什么是管网图？“赋权图”的权是什么意思？

答：(1) 利用图论来研究流体输配管网时，首先要将具体的管网抽象成图。利用节点流量的概念，将具体的管网简化为只包含管段和节点两类元素的管网模型。管段中不允许有流量的输入和输出，但流体在管段中各个断面的能量可以发生变化。管段具有管长、管径、内壁粗糙度等构造属性；流量、阻力等水力属性；方向、起点、终点等拓朴属性。节点是管段的端点，也是一些管段的交点。节点具有空间几何位置属性；节点流量、节点压力等水力属性；与节点关联的管段及其方向、与节点关联的管段数目等拓朴属性。如果只考虑管段和节点的拓朴属性，仅考虑管段和节点之间的关联关系时，流体输配管网即被抽象为图。由于是由管网抽象而成，也称为管网的网络图，简称为管网图。

(2) 与管段或节点有关的其他属性参数作为“权”值，赋予管段或节点，以便进行计算研究。管网分析计算时常以阻抗为管段的“权”。

8-4　什么是树？什么是生成树？什么是最小生成树？

答：(1) 树的定义是：如果一个连通图不包含任何回路，该连通图称为树。

(2) 生成树是某一连通图的子图，它包括该连通图的全部节点和连接各节点的分支(树枝)，但不包含任何一条回路。

(3) 如果某个连通图的所有生成树中，某生成树各分支的赋权值之和最小，则该生成树称为最小生成树。

8-5　什么是独立回路？怎样选择网络图的独立回路？

答：不能由其他基本回路组合得到的基本回路称为独立基本回路，简称独立回路。在管网图 G 的任意生成树 T 的基础上，独立地加上一个余枝就可以构成一个回路，且所得的回路各不相同（至少有一个不同的分支），它们组成的回路组是独立回路组。用独立回路组构成的基本回路矩阵是独立回路矩阵。

8-6　什么是恒定流管网的特性方程组？应怎样求解？

答：要计算各管段的流量，首先必须建立以各管段的流量为未知数的方程组。这些方程组是依据管网在恒定流动情况下所遵循的基本规律建立起来的，称为恒定流管网特性方程组，包括节点流量平衡方程组（式 8-2-1）和回路压力平衡组（式 8-2-9）以及分支阻力定律（式 8-2-14）和动力设备的特性方程（式 8-2-15）。

由于回路压力平衡方程组是非线性方程组，需要采用数值计算方法求解，回路方程法是一种求解恒定流管网特性方程组常用的方法。

8-7　什么是角联分支？枝状管网中有角联分支吗？

答：在环状管网中，当某一分支的阻抗发生变化时，有时不仅会引起其他分支流量发生变化，还会引起某些分支流动反向，造成该分支流动的不稳定。流动方向可能发生改变的分支称为对角分支或角联分支。枝状管网中，尽管某一分支的阻抗变化会使泵或风机的工况点改变，引起总流量及其他分支流量的变化，但各分支流动方向均不变化，故不存在角联分支。

8-8　比较环状管网水力计算与枝状管网水力计算的不同点。

答：在环状管网水力计算时，已知用户需要的设计流量和管网的布置，尚不能完全确定每个管段流量，无法确定这些管段的管径，也无法计算流动阻力。须先根据管网节点流量平衡原理进行管段初始流量分配，按照要求的水力参数（如比摩阻），选择管径。当选择出各个管段的管径后，初始分配的管段流量一般不能满足管网的能量平衡原理——回路压力平衡。需要依据节点流量平衡和回路压力平衡原理，重新计算各个管段的实际分配流量——即环状管网平差。管网平差工作结束后，还要校核各管段的比摩阻、管网的后备能力等，如不满足要求，还需调整部分管径，重新进行管网平差工作，直到满足设计要求为止。

枝状管网水力计算时，已知用户需要的设计流量和管网的布置，就能完全确定每个管段流量，可按照要求的水力参数（如比摩阻），选择管径、计算阻力、进行压损平衡，为管网匹配动力。

8-9　图 8-1 为某流体输配管网图，各管段的阻抗 S 已知。请完成：

(1) 写出该管网图的关联矩阵 B 和基本关联矩阵 B_k；

(2) 以管段 (1)、(2)、(3) 为余枝，找出该管网图的独立回路组，每个回路中以余枝方向为回路方向，写出独立回路矩阵 C_f。

(3) 用矩阵形式写出该管网的节点流量平衡方程组。

(4) 用矩阵形式写出该管网的回路压力平衡方程组。

(5) 根据树枝流量与余枝流量的关系式，将回路压力平衡方程组转化为以余枝流量为未知数的方程组。

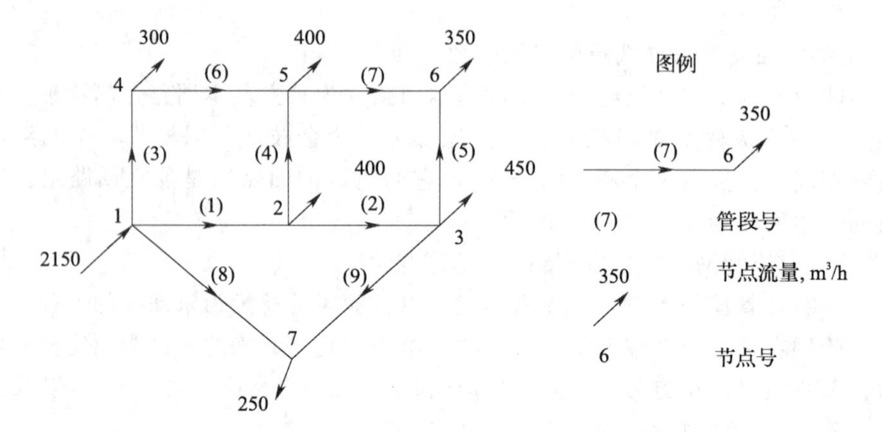

图 8-1 习题 8-1 示意图

解：(1) 管网图的关联矩阵 B 和基本关联矩阵 B_k

$$B=\begin{bmatrix} 1 & 0 & 1 & 0 & 0 & 0 & 0 & 1 & 0 \\ -1 & 1 & 0 & 1 & 0 & 0 & 0 & 0 & 0 \\ 0 & -1 & 0 & 0 & 1 & 0 & 0 & 0 & 1 \\ 0 & 0 & -1 & 0 & 0 & 1 & 0 & 0 & 0 \\ 0 & 0 & 0 & -1 & 0 & -1 & 1 & 0 & 0 \\ 0 & 0 & 0 & 0 & -1 & 0 & -1 & 0 & 0 \\ 0 & 0 & 0 & 0 & 0 & 0 & 0 & -1 & -1 \end{bmatrix}\begin{matrix} v_1 \\ v_2 \\ v_3 \\ v_4 \\ v_5 \\ v_6 \\ v_7 \end{matrix}$$

(列依次为 e_1 e_2 e_3 e_4 e_5 e_6 e_7 e_8 e_9)

$$B_k=\begin{bmatrix} 1 & 0 & 1 & 0 & 0 & 0 & 0 & 1 & 0 \\ -1 & 1 & 0 & 1 & 0 & 0 & 0 & 0 & 0 \\ 0 & -1 & 0 & 0 & 1 & 0 & 0 & 0 & 1 \\ 0 & 0 & -1 & 0 & 0 & 1 & 0 & 0 & 0 \\ 0 & 0 & 0 & -1 & 0 & -1 & 1 & 0 & 0 \\ 0 & 0 & 0 & 0 & -1 & 0 & -1 & 0 & 0 \end{bmatrix}$$ (以 7 为参考节点)

(2) 独立回路 1：分支 (1) (4) (7) (5) (9) (8)；独立回路 2：分支 (2) (5) (7) (4)；

独立回路 3：分支 (3) (6) (7) (5) (9) (8)

$$C_f=\begin{matrix} e_1 & e_2 & e_3 & e_4 & e_5 & e_6 & e_7 & e_8 & e_9 & \\ \end{matrix}$$
$$C_f=\begin{bmatrix} 1 & 0 & 0 & 1 & -1 & 0 & 1 & -1 & 1 \\ 0 & 1 & 0 & -1 & 1 & 0 & -1 & 0 & 0 \\ 0 & 0 & 1 & 0 & -1 & 1 & 1 & -1 & 1 \end{bmatrix}\begin{matrix} c_{\mathrm{I}} \\ c_{\mathrm{II}} \\ c_{\mathrm{III}} \end{matrix}$$

（3）节点流量平衡方程组为：$B_kQ=q'$，其中以 7 为参考节点，

即：
$$B_k\cdot\begin{bmatrix} Q_1 \\ Q_2 \\ Q_3 \\ Q_4 \\ Q_5 \\ Q_6 \\ Q_7 \\ Q_8 \\ Q_9 \end{bmatrix}=\begin{bmatrix} 2150 \\ -400 \\ -450 \\ -300 \\ -400 \\ -350 \end{bmatrix}$$

（4）回路压力平衡方程组为：$C_f\times\Delta P=0$

即：
$$C_f\times\begin{bmatrix} S_1Q_1^2 \\ S_2Q_2^2 \\ S_3Q_3^2 \\ \vdots \\ S_9Q_9^2 \end{bmatrix}=0 \tag{1}$$

（5）用式（8-2-5），将树枝管段流量用余枝管段流量表示：

$Q_{\mathrm{II}}=B_{k12}^{-1}q'+C_{f12}^{\mathrm{T}}Q_{\mathrm{I}}$，即

$$\begin{bmatrix} Q_4 \\ Q_5 \\ Q_6 \\ Q_7 \\ Q_8 \\ Q_9 \end{bmatrix}=\begin{bmatrix} 0 & 1 & 0 & 0 & 0 & 0 \\ 0 & -1 & 0 & -1 & -1 & -1 \\ 0 & 0 & 0 & 1 & 0 & 0 \\ 0 & 1 & 0 & 1 & 1 & 0 \\ 1 & 0 & 0 & 0 & 0 & 0 \\ 0 & 1 & 1 & 1 & 1 & 1 \end{bmatrix}\times\begin{bmatrix} 2150 \\ -400 \\ -450 \\ -300 \\ -400 \\ -350 \end{bmatrix}+\begin{bmatrix} 1 & -1 & 0 \\ -1 & 1 & -1 \\ 0 & 0 & 1 \\ 1 & -1 & 1 \\ -1 & 0 & -1 \\ 1 & 0 & 1 \end{bmatrix}\times\begin{bmatrix} Q_1 \\ Q_2 \\ Q_3 \end{bmatrix}$$

得：

$$\begin{aligned} Q_4&=2150+Q_1-Q_2 \\ Q_5&=1450-Q_1+Q_2-Q_3 \\ Q_6&=-300+Q_3 \\ Q_7&=-1100+Q_1-Q_2+Q_3 \\ Q_8&=2150-Q_1-Q_3 \\ Q_9&=-1900+Q_1+Q_3 \end{aligned} \tag{2}$$

将（2）式代入（1）式，即得到以余枝流量为未知数的回路压力平衡方程组。

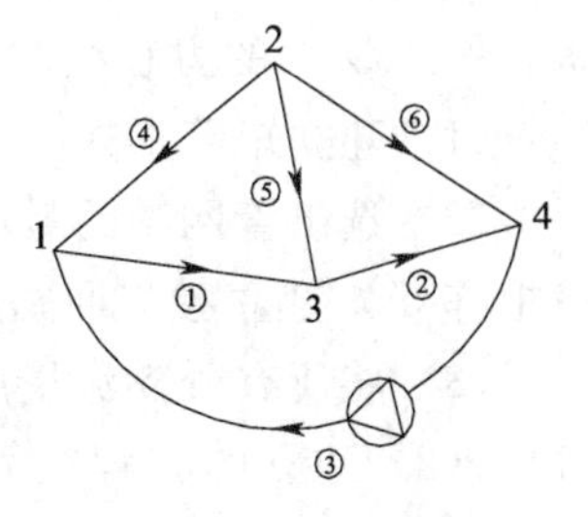

图 8-2　习题 8-2 示意图

8-10　如图 8-2 所示流体输配管网图，各分支的阻抗为：$S(1)=2.2$，$S(2)=2.3$，$S(3)=2.4$，$S(4)=0.2$，$S(5)$

$=0.3$，$S(6)=0.4$（单位：kg/m^7）。该管网图没有节点流量。在分支③上设有机械动力，在其合理的工作流量范围，输出全压和流量的函数关系为：

$$P_3=-250Q_3^2-50Q_3+480\quad \text{Pa}$$

试建立求解该管网的分支流量 Q（Q_1，Q_2，…，Q_6）的计算方程组。

（1）建立矩阵形式表示的节点流量平衡方程组。

（2）选出管网图的最小阻抗生成树，列出独立回路矩阵 C_f，建立独立回路压力平衡方程组。

（3）将所有分支流量用余枝流量表示出来，据此将（1）、（2）建立的方程组简化为只有余枝流量未知数的回路压力平衡方程组。

（4）对于（3）所建立的非线性方程组，提出一种数值求解的思路。

解：（1）以节点 4 为参考节点，基本关联矩阵和节点流量平衡方程组为：

$$B_k=\begin{bmatrix}1 & 0 & -1 & 1 & 0 & 0\\ 0 & 0 & 0 & -1 & 1 & 1\\ -1 & 1 & 0 & 0 & -1 & 0\end{bmatrix};\ B_kQ=0;$$

（2）最小阻抗生成树由分支 4、5、6 组成。

$$C_f=\begin{bmatrix}1 & 0 & 0 & -1 & -1 & 0\\ 0 & 1 & 0 & 0 & 1 & -1\\ 0 & 0 & 1 & 1 & 0 & 1\end{bmatrix};\ C_f\begin{bmatrix}S_1Q_1^2\\ S_2Q_2^2\\ S_3Q_3^2-(-250Q_3^2-50Q_3+480)\\ S_4Q_4^2\\ S_5Q_5^2\\ S_6Q_6^2\end{bmatrix}=0$$

（3）首先将分支 4、5、6 的流量用分支 1、2、3 表示。

$Q_4=Q_3-Q_1$；$Q_5=Q_2-Q_1$；$Q_6=Q_3-Q_2$，代入独立回路压力平衡方程组即得。

（4）可采用回路方程法求解。基本步骤是：假定余枝管段的初始流量；根据树枝流量与余枝流量的关系求解全部分支的初始流量；计算余枝流量修正值，得到新的余枝流量，并计算所有分支流量，检查计算结果是否满足精度要求，如果满足，则本次计算结束；否则，以新的余枝流量为计算值，重新计算余枝流量修正值和各分支的流量，直至满足精度要求为止。

8-11 如图 8-3 所示的流体输配管网图，各分支的阻抗为：$S(1)=2.2$，$S(2)=2.3$，$S(3)=0.2$，$S(4)=0.3$，$S(5)=0.4$。（单位：kg/m^7）。该图 1、4 节点分别有节点流量，大小方向如图 8-3 所示；该管网图中没有流体输配动力。试建立求解该分支流量 Q（Q_1，Q_2，…，Q_5）的方程组。

（1）建立矩阵形式表示的节点流量平衡方程组。

（2）选出管网图的最小阻抗生成树，列写独立回路矩阵 C_f，建立独立回路压力平衡方程组。

（3）将所有分支流量用余枝流量表示出来，并将（1）、（2）建立的方程组简化为只有余枝流量未知数的回路压力平衡方程组。

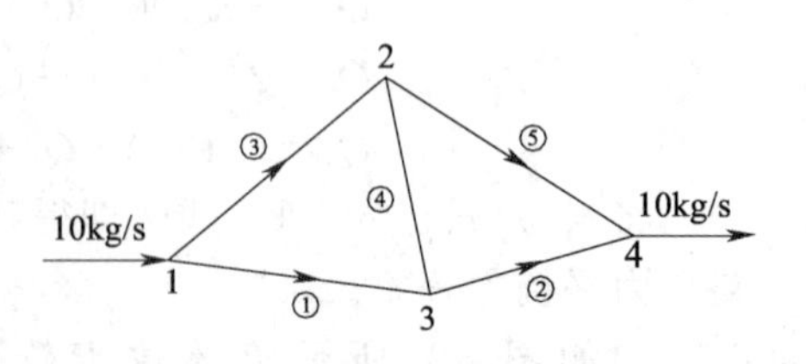

图 8-3　习题 8-3 示意图

答：(1) 以节点 4 为参考节点，节点流量平衡方程组如下：

$$\begin{bmatrix} 1 & 0 & 1 & 0 & 0 \\ 0 & 0 & -1 & 1 & 1 \\ -1 & 1 & 0 & -1 & 0 \end{bmatrix} \begin{bmatrix} Q_1 \\ Q_2 \\ Q_3 \\ Q_4 \\ Q_5 \end{bmatrix} = \begin{bmatrix} 10 \\ 0 \\ 0 \end{bmatrix}$$

(2) 最小阻抗树由分支 3、4、5 组成。独立回路矩阵：

$$C_f = \begin{bmatrix} 1 & 0 & -1 & -1 & 0 \\ 0 & 1 & 0 & 1 & -1 \end{bmatrix};$$

独立回路压力平衡方程组：

$$\begin{bmatrix} 1 & 0 & -1 & -1 & 0 \\ 0 & 1 & 0 & 1 & -1 \end{bmatrix} \begin{bmatrix} S(1)\,Q_1^2 \\ S(2)\,Q_2^2 \\ S(3)\,Q_3^2 \\ S(4)\,Q_4^2 \\ S(5)\,Q_5^2 \end{bmatrix} = \begin{bmatrix} 0 \\ 0 \end{bmatrix} \tag{1}$$

(3) $Q_3 = 10 - Q_1$，$Q_4 = -Q_1 + Q_2$，$Q_5 = 10 - Q_2$，代入 (1) 式，可得只有余枝流量未知数的回路压力平衡方程组。

8-12　对教材 8.3.2 示例的集中供热管网进行水力计算并选择循环水泵。各个热用户的设计流量见表 8-1。

各热用户的设计流量　　表 8-1

用户编号	设计流量 (m^3/h)	用户编号	设计流量 (m^3/h)
用户 1	91.824	用户 9	114.78
用户 2	209.604	用户 10	103.14
用户 3	259.5	用户 11	182.98
用户 4	139.728	用户 12	182.98
用户 5	181.656	用户 13	69.87
用户 6	49.9	用户 14	141.4
用户 7	33.26	用户 15	219.58
用户 8	454.13		

其余条件与教材 8.3.2 示例中相同。(利用环状管网水力计算与水力工况分析软件进行。)

解：参考教材 8.3.2 示例和教材配套的“《流体输配管网》教学用软件——环状管网水力计算与水力工况分析软件”中的“使用帮助”第 5.2 节“使用方法举例”进行计算。

(1) 环状干线的初始流量分配及管径计算选择见表 8-2。

(2) 环状干线平差计算结果见表 8-3。

初始流量分配及管径计算 **表 8-2**

管段编号	初始分配流量 (m³/h)	选用比摩阻 (Pa/m)	计算管径 (m)	选用管径（公称直径）(mm)	选用管径（内径）(mm)
1	1343.517	55	0.519	500	0.512
2	984.4546	40	0.490	500	0.512
3	911.063	40	0.476	500	0.512
4	701.459	40	0.430	450	0.462
5	441.959	40	0.361	350	0.359
6	998.9913	40	0.493	500	0.512
7	419.7013	40	0.354	350	0.359
8	238.0453	40	0.285	300	0.309
9	359.0627	40	0.334	350	0.359
10	597.108	40	0.405	400	0.408
11	547.208	40	0.392	400	0.408
12	163.338	40	0.247	250	0.257
13	60.198	40	0.169	200	0.207
14	40.1316	40	0.145	200	0.207
15	73.3916	40	0.182	200	0.207
16	100.329	40	0.205	200	0.207
17	119.251	40	0.219	200	0.207
18	302.231	40	0.312	300	0.309
19	579.29	40	0.400	400	0.408
20	125.16	40	0.223	250	0.257
21	383.87	40	0.342	350	0.359
22	269.09	40	0.299	300	0.309
23	55.29	40	0.164	200	0.207
24	86.11	40	0.194	200	0.207

环状干线平差计算 **表 8-3**

分支编号	起点	终点	分支阻抗 (kg/m⁷)	流量 (m³/h)	压降 (Pa)
1	1	2	492483.1	1284.1	62661.4
2	2	3	143435	965.2	10310.3
3	3	4	162173.6	877.4	9633
4	4	5	163616.9	667.8	5629.9
5	5	6	453369	408.3	5831.5
6	1	7	139517	1150.2	14242.1

续表

分支编号	起点	终点	分支阻抗 (kg/m^7)	流量 (m^3/h)	压降 (Pa)
7	7	8	1659973	510.1	33329.5
8	8	9	2118244	328.5	17633
9	2	9	639000.4	227.1	2543.2
10	9	10	356723.1	555.6	8495.8
11	10	11	289951.5	505.7	5720.8
12	11	12	3178819	182.6	8178.8
13	12	13	4370776	79.5	2129.7
14	14	13	6556164	54.5	1504.6
15	3	14	25646170	87.8	15253.4
16	13	17	28800640	134	39903.9
17	18	17	24232100	85.6	13693.6
18	6	18	3930518	268.6	21873.8
19	7	15	946445.4	640.1	29921.3
20	15	20	7018172	186	18727.6
21	11	16	1024543	323.1	8251
22	16	19	1521997	208.3	5094.8
23	20	21	29631290	116.1	30815.9
24	19	21	19025730	25.3	940

(3) 输送干线与连接最不利用户的枝状支线计算见表 8-4。

枝状支线计算结果　　　**表 8-4**

管段	计算流量 (m^3/h)	折算管长 (m)	控制比摩阻 (Pa/m)	计算管径 (m)	选用管径 (m)	公称直径 (mm)	实际比摩阻 (Pa/m)	阻力损失 (Pa)
热源-1	2434.332	273	65	0.631	0.612	600	76.326	20836
17-用户 15	219.58	639.6	40	0.277	0.309	300	22.452	14360

(4) 水泵扬程计算

闭式室外供热管网需由水泵提供的压力可按教材式（8-3-2）确定。本题循环热水泵通过热源内部的压力损失 H_r 取 $15mH_2O$；

循环热水从热源出口至最不利用户入口及从最不利用户出口返回到热源入口的压力损失；本题管网阻力 $H_w=33.6mH_2O$；本题采用换热器与用户采暖系统间接连接，最不利用户的预留压力 H_y 为换热器的一次侧预留压力，取 $H_y=8mH_2O$。

因此，水泵所需扬程应为 $H=15+33.6+8\approx57mH_2O$

故可根据管网循环水量为2434.332m^3/h，扬程需求为57mH_2O，选配水泵。

8-13　若教材图8-4-1（a）中，管段（6）因检修被关断，计算此时各个用户的实际流量与设计流量之比。其余条件与8.4.1中相同。（利用环状管网水力计算与水力工况分析软件进行。）

解：参考教材8.3.2示例和教材配套的“《流体输配管网》教学用软件——环状管网水力计算与水力工况分析软件”中的“使用帮助”第6.4节“使用方法举例（3）”进行计算。

首先在windows的资源管理器中，将软件安装目录\work\目录下的工程文件xin2.mdb复制到其他目录，改名为LTSP8-13A.mdb，然后移动到工作目录下。在计算软件中打开工程，在“分支信息输入”窗口删除管段6（节点1-7之间的管段），管网的节点数（共74个）及其编号不变，管段减少一个（共95个）。在程序计算时，要求管段编号采用从1开始的自然数序列，故程序计算中原编号为2的管段编号改为1，原编号为3的管段编号改为2，依次类推。删除管段6后，应返回“上一步”，将管网分支数目改为95个。按使用帮助的介绍，逐步检查、查看管网输入数据后，可进行管网计算。计算结果如表8-5所示。

表8-5

热力站编号	设计流量（m^3/h）	实际流量（m^3/h）	实际流量/设计流量（%）
用户热力站1	76.52	79.83143	104.33%
用户热力站2	174.67	180.8719	103.55%
用户热力站3	216.25	223.7531	103.47%
用户热力站4	116.44	120.288	103.30%
用户热力站5	151.38	123.5386	81.61%
用户热力站6	24.95	22.03321	88.31%
用户热力站7	16.63	15.57103	93.63%
用户热力站8	454.13	327.4291	72.10%
用户热力站9	114.78	98.88553	86.15%
用户热力站10	51.57	46.54321	90.25%
用户热力站11	182.98	186.3435	101.84%
用户热力站12	182.98	154.8514	84.63%
用户热力站13	69.87	51.44878	73.64%
用户热力站14	141.4	108.2057	76.52%
用户热力站15	219.58	210.6483	95.93%

管网总流量为设计流量的88.9%，用户最小能达到设计流量的72.10%。可见，该环状管网的后备能力较强。

附　　录

附录 1　通风空调管网常见局部阻力系数

序号	名称	图形	局部阻力系数 ζ（按图内所示速度 v 计算）										
1	直管出口	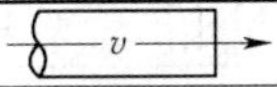	1.05										
2	直管进口	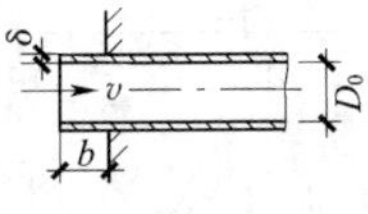		b/D_0									
			ζ	0.0	0.002	0.005	0.01	0.02	0.05	0.1	0.2	0.5	
				0.5	0.57	0.63	0.68	0.73	0.80	0.86	0.92	1.0	
3	喇叭管进口	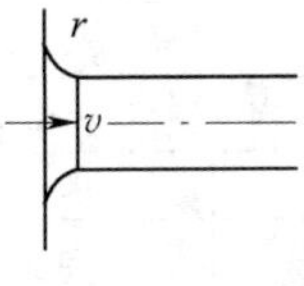	ζ	r/D_0									
				0	0.01	0.02	0.03	0.04	0.05	0.06	0.08	0.12	
			无壁面	1.0	0.87	0.74	0.61	0.5	0.4	0.32	0.2	0.1	
			无壁面	0.5	0.44	0.37	0.31	0.26	0.22	0.19	0.15	0.09	
4	孔板进出口	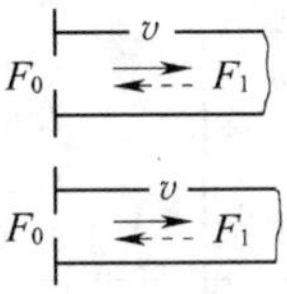	ζ	F_0/F_1									
				0.2	0.3	0.4	0.5	0.6	0.7	0.8	0.9	1.0	
			进风	57	24	11	5.8	3.5	2.0	1.3	0.8	0.5	
			出风	57	30	15	9.0	6.2	3.9	2.7	1.9	1.05	
5	固定直百叶风口	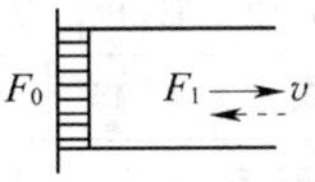	ζ	F_0/F_1									
				0.2	0.3	0.4	0.5	0.6	0.7	0.8	0.9	1.0	
			进风	33	13	6.0	3.8	2.2	1.3	0.79	0.52	0.5	
			出口	33	14	7.0	4.0	3.5	2.6	2.0	1.75	1.05	
6	固定斜百叶风口	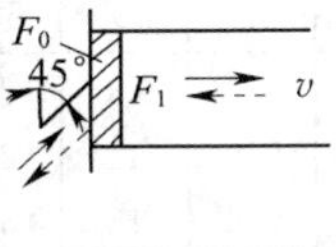	ζ	F_0/F_1									
				0.1	0.2	0.3	0.4	0.5	0.6	0.7	0.8	0.9	1.0
			进风	—	45	17	68	4.0	2.3	1.4	0.9	0.6	0.5
			出风	—	58	24	13	8.0	5.3	3.7	2.7	2.0	1.5
7	活动百叶风口	图同上	进风 1.4；出风 3.5（$F_0/F_1=0.8$）										
8	管道侧口出流	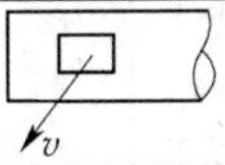	2.5										
9	管道侧口出流	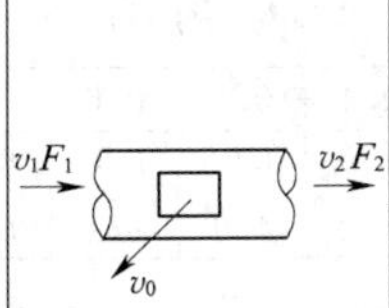	直流（v_1）	v_2/v_1									
				0.4	0.5	0.6	0.8	1.0	>1.2				
				0.06	0.01	-0.03	-0.06	-0.03	—				
			分流（v_0）	v_0/v_1									
				0.4	0.8	1.0	1.2	1.6	2.0				
				1.8	1.7	1.8	1.9	2.3	3.0				
10	渐缩喷口	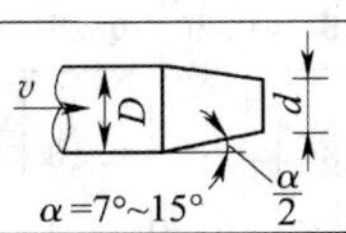	d/D	0.5	0.7	1.0							
			ζ	17	4.4	1.05							

续表

序号	名称	图形	局部阻力系数 ζ（按图内所示速度 v 计算）				
			F_1/F_2	α=10°	20°	30°	40°
11	渐扩出口	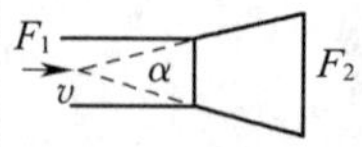	0.7	0.64	0.72	0.79	0.86
			0.6	0.55	0.64	0.74	0.83
			0.5	0.48	0.58	0.70	0.79
			0.4	0.40	0.53	0.65	0.76
			0.3	0.34	0.48	0.62	0.73

序号	名称	图形				
12	散流器（盘式）	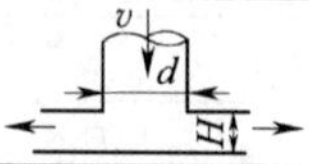	H/d	0.2	0.4	0.6～1.0
			ζ	3.4	1.4	1.05

序号	名称	图形	
13	散流器	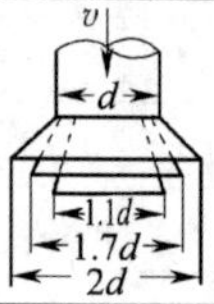	1.0

序号	名称	图形	v	开孔率		
				0.2	0.4	0.6
14	送风孔板	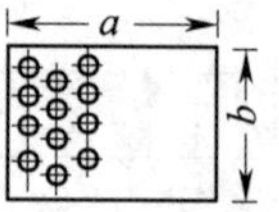 开孔率$=\frac{孔面积}{a\times b}$ v——面风速	0.5	30	6.0	2.3
			1.0	33	6.8	2.7
			1.5	36	7.4	3.0
			2.0	39	7.8	3.2
			2.5	40	8.3	3.4
			3.0	41	8.6	3.7

序号	名称	图形										
15	圆形风道内蝶阀	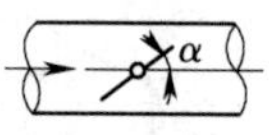	α	10°	15°	20°	30°	40°	45°	50°	60°	70°
			ζ	0.52	0.95	1.54	3.80	10.8	20	35	118	751

序号	名称	图形												
16	矩形风道内四平行叶片阀	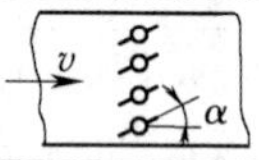	α	0°	10°	15°	20°	30°	40°	45°	50°	60°	70°	75°
			ζ	0.83	0.93	1.05	1.35	2.57	5.19	7.08	10.4	23.9	70.2	144

序号	名称	图形	$\frac{nb}{2(a+b)}$	α								
				0°	10°	20°	30°	40°	50°	60°	70°	80°
17	矩形风道对开式阀	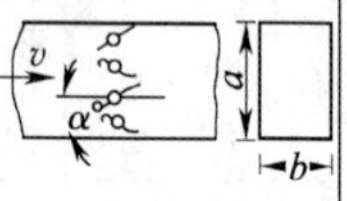 n——叶片数	0.3	0.52	0.85	2.1	4.1	9.0	21	73	284	807
			0.4	0.52	0.92	2.2	5.0	11	28	100	332	915
			0.5	0.52	1.0	2.3	5.4	13	33	122	377	1045
			0.6	0.52	1.0	2.3	6.0	14	38	148	411	1121
			0.8	0.52	1.1	2.4	6.6	18	54	188	495	1299
			1.0	0.52	1.2	2.7	7.3	21	65	245	547	1521
			1.5	0.52	1.4	3.2	9.0	28	107	361	677	1654

序号	名称	图形		h/H (h/D)									
18	插板阀	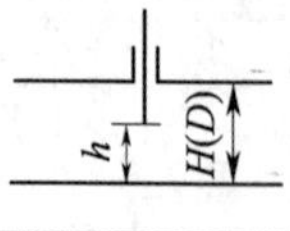		0.1	0.2	0.3	0.4	0.5	0.6	0.7	0.8	0.9	1.0
			圆管	97.8	35	10.0	4.6	2.06	0.98	0.44	0.17	0.06	0
			矩形管	193	44.5	17.8	8.12	4.0	2.1	0.95	0.39	0.09	0

序号	名称	图形	f/F										
19	突缩管	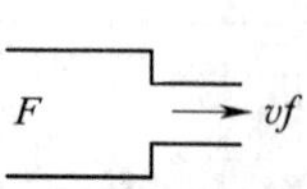	0	0.1	0.2	0.3	0.4	0.5	0.6	0.7	0.8	0.9	1.0
			0.5	0.47	0.42	0.38	0.34	0.30	0.25	0.20	0.15	0.09	0
20	突扩管	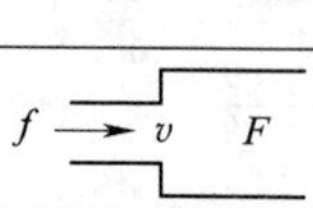	1.0	0.81	0.64	0.49	0.36	0.25	0.16	0.09	0.04	0.01	0

续表

序号	名称	图形	局部阻力系数 ζ（按图内所示速度 v 计算）
21	渐扩管（圆形）	$l=\dfrac{D-d}{2\text{tg}\dfrac{\alpha}{2}}$	见下表
22	渐扩管（矩形）		见下表
23	渐缩管		$\zeta=0.1$（$\alpha\leqslant45°$）（矩形） $\zeta=0.47\sqrt{\dfrac{\text{tg}\alpha}{2}}\left(\dfrac{F_1}{F_0}\right)^2$（圆形）
24	变断面短管		$\alpha<14°$　$\zeta=0.15$
25	直角弯头（变截面）		见下表
26	90°弯头（变截面）	$\dfrac{r_0}{b_0}=1$；$\dfrac{h}{b_0}=2.4$	见下表
27	矩形90°弯头		见下表
28	带导流片90°弯头（方形）		见下表

21 渐扩管（圆形）

F_1/F_0	α					
	10°	15°	20°	25°	30°	45°
1.25	0.01	0.02	0.03	0.04	0.05	0.06
1.5	0.02	0.03	0.05	0.08	0.11	0.13
1.75	0.03	0.05	0.07	0.11	0.15	0.20
2.0	0.04	0.06	0.10	0.15	0.21	0.27
2.25	0.05	0.08	0.13	0.19	0.27	0.34
2.5	0.06	0.1	0.15	0.23	0.32	0.40

22 渐扩管（矩形）

F_1/F_0	10°	15°	20°	25°	30°	45°
1.25	0.02	0.03	0.05	0.06	0.07	—
1.5	0.03	0.06	0.10	0.12	0.13	—
1.75	0.05	0.09	0.14	0.17	0.19	—
2.0	0.06	0.13	0.20	0.23	0.26	—
2.25	0.08	0.16	0.26	0.30	0.33	—
2.5	0.09	0.19	0.30	0.36	0.39	—

25 直角弯头（变截面）

h/b_0	b_1/b_0						
	0.6	0.8	1.0	1.2	1.4	1.6	2.0
0.25	1.76	1.43	1.24	1.14	1.09	1.06	1.06
1.0	1.70	1.36	1.15	1.02	0.95	0.90	0.84
4.0	1.46	1.10	0.90	0.81	0.76	0.72	0.66

26 90°弯头（变截面）

r_1/b_0	b_1/b_0						
	0.4	0.6	0.8	1.0	1.2	1.4	1.6
0	0.38	0.29	0.22	0.18	0.20	0.30	0.50
1.0	0.38	0.29	0.26	0.25	0.28	0.35	0.44
2.0	0.49	0.33	0.20	0.13	0.14	0.22	0.34

27 矩形90°弯头

b/h	R/b			
	0.75	1.0	1.25	1.5
0.5	0.40	0.26	0.19	0.13
1.0	0.47	0.29	0.21	0.14
1.5	0.52	0.31	0.22	0.15
2.0	0.55	0.34	0.24	0.16
2.5	0.57	0.36	0.25	0.17

28 带导流片90°弯头（方形）（107°）

α	35°	37°	39°	41°	43°	45°	47°	51°	55°
ζ	0.45	0.36	0.29	0.22	0.17	0.13	0.11	0.12	0.14

续表

序号	名称	图形	局部阻力系数 ζ（按图内所示速度 v 计算）								
29	带导流片90°弯头（矩形）	同上，按矩形管高(h)宽(b)比对29的 ζ 进行修正	h/b	1.0	1.5	2	3	4	5	6	8
			修正系数 C	1.0	0.7	0.5	0.39	0.35	0.34	0.34	0.34

序号	名称	图形	α	R/d		
				0.75	1.0	2.0
30	圆管弯头		30°	0.23	0.12	0.07
			45°	0.32	0.16	0.09
			60°	0.39	0.19	0.12
			90°	0.50	0.25	0.15

序号	名称	图形	l/b_0									
31	乙字弯（矩形）	管宽$=2b_0$	0	0.4	0.6	0.8	1.0	1.2	1.4	1.6	1.8	2.0
			0	0.62	0.89	1.61	2.63	3.6	4.0	4.2	4.2	4.18
			l/b_0									
			2.4	2.8	3.2	4.0	5.0	6.0	7.0	9.0	10.0	∞
			3.8	3.3	3.2	3.1	3.0	2.8	2.7	2.5	2.4	2.3

序号	名称	图形	L_2/L	旁通，F_2/F_1					直通，F_2/F_1				
				0.2	0.4	0.6	0.8	1.0	0.2	0.4	0.6	0.8	1.0
32	合流三通	$\alpha=30°$	0.1	-2.0	-9.86	-22.0	-382	-50.9	0.10	0.16	0.21	0.25	0.30
			0.2	0.33	-1.11	-3.32	-6.28	-9.62	-0.03	0.17	0.25	0.30	0.34
			0.3	0.65	0.16	-0.53	-1.48	-2.55	-0.59	0.05	0.22	0.30	0.35
			0.4	0.73	0.50	0.22	-0.15	-0.55	-1.95	-0.39	0.03	0.21	0.31
			0.5	0.75	0.60	0.46	0.29	0.13	-5.11	-1.48	-0.49	-0.08	0.13
			0.6	0.76	0.63	0.54	0.45	0.39	-12.6	-4.18	-1.85	-0.89	-0.38
			0.7	0.75	0.63	0.56	0.50	0.46	-32.2	-11.6	-5.70	-3.23	-1.93
		同上图 $\alpha=45°$	0.1	-1.97	-9.8	-21.9	-38.0	-50.7	0.12	0.17	0.21	0.26	0.30
			0.2	0.38	-1.02	-3.2	-6.14	-9.46	0.05	0.21	0.27	0.31	0.35
			0.3	0.71	0.26	-0.41	-1.34	-2.39	-0.33	0.15	0.28	0.34	0.38
			0.4	0.78	0.59	0.34	-0.01	-0.39	-1.35	-0.13	0.18	0.31	0.38
			0.5	0.81	0.69	0.58	0.44	0.29	-3.78	-0.91	-0.16	0.14	0.29
			0.6	0.81	0.72	0.66	0.59	0.55	-9.6	-2.91	-1.11	-0.40	-0.03
			0.7	0.81	0.72	0.68	0.64	0.62	-25.0	-8.48	-3.91	-2.04	-1.07
		同上图 $\alpha=60°$	0.1	-1.9	-9.6	-21.7	-37.3	-50.5	0.14	0.18	0.22	0.26	0.30
			0.2	0.45	-0.33	-3.04	-5.96	-9.35	0.16	0.26	0.29	0.33	0.36
			0.3	0.77	0.37	-0.25	-1.16	-2.18	-0.01	0.29	0.36	0.39	0.42
			0.4	0.85	0.71	0.50	0.17	0.18	-0.59	0.19	0.37	0.44	0.47
			0.5	0.87	0.81	0.74	0.62	0.50	-2.06	-0.17	0.27	0.43	0.50
			0.6	0.88	0.84	0.82	0.77	0.76	-5.72	-1.25	-0.14	0.25	0.44
			0.7	0.88	0.84	0.83	0.82	0.83	-15.6	-4.47	-1.57	-0.46	0.05

续表

序号	名称	图形	局部阻力系数 ζ（按图内所示速度 v 计算）

33　合流三通

图形：$R=3b$，$F=F_1$

L_2/L	旁通，F_2/F 0.25	旁通，F_2/F 0.50	旁通，F_2/F 1.0	直通 F_2/F 0.5	直通 F_2/F 1.0
0.1	−0.6	−0.6	−0.6	0.20	0.20
0.2	0.0	−0.2	−0.3	0.20	0.22
0.3	0.40	0.0	−0.1	0.10	0.25
0.4	1.2	0.25	0.0	0.0	0.24
0.5	2.3	0.40	0.01	−0.1	0.20
0.6	3.6	0.70	0.2	−0.2	0.18
0.7	—	1.0	0.3	−0.3	0.15
0.8	—	1.5	0.4	0.4	0.0

34　合流三通

L_2/L	旁通，F_2/F 0.25	旁通，F_2/F 0.50	旁通，F_2/F 0.75	旁通，F_2/F 1.0	直通，F_2/F 0.25	直通，F_2/F 1.0
0.1	0.7	0.61	0.65	0.68	—	—
0.2	0.5	0.5	0.55	0.56	—	—
0.3	0.6	0.4	0.40	0.45	—	—
0.4	0.8	0.4	0.35	0.40	0.05	0.03
0.5	1.25	0.5	0.35	0.30	0.15	0.05
0.6	2.0	0.6	0.38	0.29	0.20	0.12
0.7	—	0.8	0.45	0.29	0.30	0.20
0.8	—	1.05	0.58	0.30	0.40	0.29
0.9	—	1.5	0.75	0.38	0.46	0.35

35　分叉三通

F_1/F	0.5	1.0
分流	0.304	0.247
合流	0.233	0.072

36　分流三通

适于直通时：$F=F_1+F_2$
旁通时：$F+F_1$
$F_1+F_2>F$
$\frac{v_i}{v}$：旁通时为$\frac{v_2}{v}$
直通时为$\frac{v_1}{v}$

$\frac{v_i}{v}$	旁通 α 15°	旁通 α 30°	旁通 α 45°	旁通 α 60°	旁通 α 90°	直通 α 15°～60°	直通 α 90°
0.4	0.22	0.36	0.54	0.79	1.57	0.36	0.68
0.5	0.19	0.34	0.50	0.75	1.53	0.25	0.45
0.6	0.15	0.29	0.47	0.72	1.50	0.16	0.28
0.8	0.14	0.28	0.46	0.71	1.49	0.04	0.06
1.0	0.20	0.34	0.52	0.77	1.55	0.0	0.0
1.2	0.33	0.47	0.65	0.90	1.68	0.09	0.09
1.4	0.50	0.64	0.82	1.08	1.85	0.43	0.43
1.6	0.75	0.89	1.07	1.32	2.10	0.89	0.89
1.8	1.06	1.20	1.38	1.63	2.41	2.0	2.0
2.0	1.44	1.58	1.76	2.01	2.79	3.2	3.2
2.2	1.90	2.04	2.22	2.47	3.25	—	—
2.4	2.40	2.56	2.74	3.0	3.8	—	—
2.6	3.08	3.22	3.4	3.65	4.43	—	—

37　倒锥体伞形帽

h/d	0.1	0.2	0.3	0.4	0.5	0.6	0.7	0.8	0.9	1.0
进风	2.9	1.9	1.59	1.41	1.33	1.25	1.15	1.10	1.07	1.06
排风	—	2.9	1.90	1.50	1.30	1.20	—	1.10	—	

续表

序号	名称	图形	局部阻力系数 ζ（按图内所示速度 v 计算）							
38	伞形罩		α	10°	20°	30°	40°	90°	120°	150°
			圆形	0.14	0.07	0.04	0.05	0.11	0.20	0.30
			矩形	0.25	0.13	0.10	0.12	0.19	0.27	0.37
39	风机出口		l/b	b/B						
				1.6	2.2	3.0				
			2	0.12	0.28	—				
			3	0.07	0.17	0.38				
			4	—	0.12	0.25				

附录2 在自然循环上供下回双管热水供暖系统中，由于水在管路内冷却而产生的附加压力（Pa）

系统的水平距离（m）	锅炉到散热器的高度（m）	自总立管至计算立管之间的水平距离（m）					
		<10	10～20	20～30	30～50	50～75	75～100
1	2	3	4	5	6	7	8
未保温的明装立管							
（1）1层或2层的房屋							
25以下	7以下	100	100	150	—	—	—
25～50	7以下	100	100	150	200	—	—
50～75	7以下	100	100	150	150	200	—
75～100	7以下	100	100	150	150	200	250
（2）3层或4层的房屋							
25以下	15以下	250	250	250	—	—	—
25～50	15以下	250	250	300	350	—	—
50～75	15以下	250	250	250	300	350	—
75～100	15以下	250	250	250	300	350	400
（3）高于4层的房屋							
25以下	7以下	450	500	550	—	—	—
25以下	大于7	300	350	450	—	—	—
25～50	7以下	550	600	650	750	—	—
25～50	大于7	400	450	500	550	—	—
50～75	7以下	550	550	600	650	750	—
50～75	大于7	400	400	450	500	550	—
75～100	7以下	550	550	550	600	650	700
75～100	大于7	400	400	400	450	500	650
未保温的暗装立管							
（1）1层或2层的房屋							
25以下	7以下	80	100	130	—	—	—
25～50	7以下	80	80	130	150	—	—
50～75	7以下	80	80	100	130	180	—
75～100	7以下	80	80	80	130	180	230

续表

系统的水平距离（m）	锅炉到散热器的高度（m）	自总立管至计算立管之间的水平距离（m）					
		<10	10～20	20～30	30～50	50～75	75～100
1	2	3	4	5	6	7	8
（2）3层或4层的房屋							
25以下	15以下	180	200	280	—	—	—
25～50	15以下	180	200	250	300	—	—
50～75	15以下	150	180	200	250	300	—
75～100	15以下	150	150	180	230	280	330
（3）高于4层的房屋							
25以下	7以下	300	350	380	—	—	—
25以下	大于7	200	250	300	—	—	—
25～50	7以下	350	400	430	530	—	—
25～50	大于7	250	300	330	380	—	—
50～75	7以下	350	350	400	430	530	—
50～75	大于7	250	250	300	330	380	—
75～100	7以下	350	350	380	400	480	530
75～100	大于7	250	260	280	300	350	450

注：1. 在下供下回式系统中，不计算水在管路中冷却而产生的附加作用压力值。

2. 在单管式系统中，附加值采用本附录所示的相应值的50%。

附录3　水管摩擦阻力计算表

（R_1，R_2 分别为绝对粗糙度 $K=0.2$mm，$K=0.5$mm 时的比摩阻值）

动压 P_d（Pa）	水流速 v（m/s）		公称管径 DN（mm）　L—流量（L/s）　R_1，R_2—每米长水管的摩擦阻力（Pa/m）															
			15	20	25	32	40	50	65	80	100	125	150	200	250	300	350	400
20	0.2	L	0.04	0.07	0.11	0.20	0.26	0.44	0.73	1.03	1.57	2.45	3.53	6.72	10.5	15.0	21.2	26.1
		R_1	68	45	33	23	19	14	10	8	6	5	4	2	2	1	1	1
		R_2	85	56	40	27	23	16	11	9	7	5	4	3	2	2	1	1
45	0.3	L	0.03	0.11	0.17	0.30	0.40	0.66	1.09	1.54	2.35	3.68	5.29	10.1	15.8	22.5	31.9	39.2
		R_1	143	95	69	48	40	29	21	17	13	10	8	5	4	3	3	2
		R_2	183	120	86	59	49	35	25	20	15	11	9	6	4	4	3	3
80	0.4	L	0.03	0.14	0.23	0.40	0.53	0.88	1.45	2.06	3.14	4.90	7.06	13.4	21.0	29.9	42.5	52.2
		R_1	244	163	111	82	63	49	36	28	22	16	13	9	7	5	4	4
		R_2	319	209	150	102	85	60	43	34	26	20	15	10	8	6	5	4
125	0.5	L	0.10	0.18	0.29	0.50	0.66	1.10	1.81	2.57	3.92	6.13	8.82	16.8	26.3	37.4	53.1	65.3
		R_1	371	248	180	125	101	75	54	43	33	25	20	13	10	8	7	6
		R_2	492	323	231	158	131	93	67	53	40	30	24	16	12	10	8	7
180	0.6	L	0.12	0.21	0.34	0.60	0.79	1.32	2.18	3.09	4.70	7.35	10.6	20.2	31.6	44.9	63.7	78.3
		R_1	525	351	255	176	147	106	77	61	47	35	28	19	14	11	9	8
		R_2	702	460	330	225	187	132	95	76	57	43	34	22	17	14	11	10

续表

动压 P_d (Pa)	水流速 v (m/s)		公称管径 DN (mm) L—流量 (L/s) R_1，R_2—每米长水管的摩擦阻力 (Pa/m)															
			15	20	25	32	40	50	65	80	100	125	150	200	250	300	350	400
245	0.7	L	0.14	0.25	0.40	0.70	0.92	1.54	2.54	3.60	5.49	8.58	12.4	23.5	36.8	52.4	74.3	91.4
		R_1	705	471	343	237	193	142	103	82	63	48	38	25	19	15	12	11
		R_2	948	622	446	304	253	179	129	102	73	58	46	30	23	18	15	13
319	0.8	L	0.16	0.28	0.45	0.80	1.05	1.76	2.90	4.12	6.27	9.80	14.1	26.9	42.1	59.9	84.9	104.4
		R_1	911	609	443	306	256	183	133	106	81	61	49	33	25	20	16	14
		R_2	1232	808	580	395	328	233	167	133	101	75	60	40	30	24	19	17
404	0.9	L	0.18	0.32	0.51	0.90	1.19	1.98	3.26	4.63	7.06	11.0	15.9	30.2	47.3	67.4	95.6	117
		R_1	1142	764	555	384	321	230	167	134	102	77	61	41	31	25	20	18
		R_2	1553	1019	731	498	414	293	210	167	127	95	75	50	37	30	24	21
499	1.0	L	0.19	0.35	0.57	1.00	1.32	220	3.63	5.14	7.84	12.3	17.6	33.6	52.6	74.9	106	131
		R_1	1400	936	681	471	394	282	205	164	125	95	75	50	38	31	25	22
		R_2	1912	1254	900	613	509	361	259	206	156	117	92	61	46	37	30	26
604	1.1	L	0.21	0.39	0.63	1.10	1.45	2.42	3.99	5.66	8.62	13.5	19.4	37.0	57.9	82.3	117	144
		R_1	1685	1126	819	566	473	339	246	197	151	114	90	61	46	37	30	26
		R_2	2307	1513	1086	739	614	435	313	248	188	141	112	74	56	44	36	31
719	1.2	L	0.23	0.42	0.69	1.20	1.53	2.64	4.35	6.17	9.41	14.7	21.2	40.3	63.1	89.8	127	157
		R_1	1995	1334	970	671	561	402	292	233	179	135	107	72	54	44	35	31
		R_2	2739	1797	1289	878	729	517	371	295	224	163	132	88	66	953	42	37
844	1.3	L	0.25	0.46	0.74	1.30	1.71	2.86	4.71	6.69	10.2	15.9	22.9	43.7	68.4	97.3	138	170
		R_1	2331	1559	1134	784	655	470	341	273	209	157	125	84	63	51	41	36
		R_2	3208	2105	1510	1029	854	605	435	345	262	196	155	103	77	62	50	44
978	1.4	L	0.27	0.50	0.80	1.40	1.85	3.08	5.08	7.20	11.0	17.2	24.7	47.0	73.6	105	149	183
		R_1	2693	1801	1310	906	757	543	394	315	241	182	145	97	73	59	48	42
		R_2	3714	2437	1748	1191	989	701	503	400	304	227	180	119	90	72	58	51
1123	1.5	L	0.29	0.53	0.86	1.50	1.98	3.30	5.44	7.72	11.8	18.4	26.5	50.4	78.9	112	159	196
		R_1	3082	2061	1499	1036	867	621	451	361	276	208	166	111	84	67	54	48
		R_2	4258	2793	2004	1365	1134	803	577	458	348	260	206	136	103	82	66	58
1278	1.6	L	0.31	0.57	0.91	1.60	2.11	3.52	5.80	8.23	12.5	19.6	28.2	53.8	84.2	120	170	209
		R_1	3496	2338	1701	1176	983	705	512	409	313	236	188	126	95	77	62	54
		R_2	4838	3174	2277	1551	1289	913	656	521	395	296	234	155	117	93	75	66
1442	1.7	L	0.33	0.60	0.97	1.70	2.24	3.74	6.16	3.74	13.3	20.8	30.0	57.1	89.4	127	180	222
		R_1	3937	2633	1915	1324	1107	794	576	461	353	266	212	142	107	86	70	61
		R_2	5456	3579	2568	1749	1453	1029	739	587	446	334	264	175	132	105	85	74
1617	1.8	L	0.35	0.64	1.03	1.80	2.37	3.96	6.53	9.26	14.1	22.1	31.8	60.5	94.7	135	191	235
		R_1	4404	2945	2142	1481	1238	888	644	515	394	298	237	158	120	96	78	69
		R_2	6110	4009	2876	1959	1627	1153	828	658	499	374	295	196	147	118	95	83

续表

动压 P_d (Pa)	水流速 v (m/s)		公称管径 DN (mm)　L—流量 (L/s)　R_1, R_2—每米长水管的摩擦阻力 (Pa/m)															
			15	20	25	32	40	50	65	80	100	125	150	200	250	300	350	400
1082	1.9	L	0.37	0.67	1.09	1.90	2.50	4.18	6.89	9.77	14.9	23.3	33.5	63.8	99.9	142	201	248
		R_1	4896	3274	2382	1647	1377	987	717	573	439	331	263	176	133	107	87	76
		R_2	6802	4462	3202	2181	1812	1284	922	732	556	416	329	218	164	131	105	93
1996	2.0	L	0.39	0.71	1.14	2.00	2.64	4.40	7.25	10.3	15.7	24.5	35.3	67.2	105	150	212	261
		R_1	5415	3621	2634	1821	1523	1092	793	634	485	366	291	195	148	119	96	84
		R_2	7531	4940	3545	2415	2006	1421	1021	811	615	461	364	241	182	145	117	103
2201	2.1	L	0.41	0.74	1.20	2.10	2.77	4.62	7.61	10.8	16.5	25.7	37.0	70.6	110	157	223	274
		R_1	5960	3985	2899	2004	1676	1202	872	698	534	403	320	214	162	131	105	93
		R_2	8297	5443	3905	2660	2210	1566	1124	893	678	508	401	266	200	160	129	113
2416	2.2	L	0.43	0.78	1.26	2.20	2.90	4.85	7.98	11.3	17.3	27.0	38.8	73.9	116	165	234	287
		R_1	6531	4367	3177	2196	1837	1317	956	765	585	441	351	235	178	143	115	102
		R_2	9099	5969	4283	2918	2423	1717	1233	979	744	557	440	292	219	176	141	124
2640	2.3	L	0.45	0.81	1.31	2.30	3.03	5.07	8.34	11.8	18.0	28.2	40.6	77.3	121	172	244	300
		R_1	7128	4766	3468	2397	2005	1437	1043	835	639	482	383	256	194	156	126	111
		R_2	9939	6520	4678	3187	2647	1875	1347	1070	812	608	481	318	240	192	154	135
2875	2.4	L	0.47	0.85	1.37	2.40	3.16	5.29	8.70	12.4	18.8	29.4	42.3	80.6	126	180	255	313
		R_1	7751	5183	3771	2607	2180	1563	1135	907	694	524	417	279	211	170	137	121
		R_2	10816	7096	5091	3468	2881	2041	1466	1164	884	662	523	347	261	209	168	147
3119	2.5	L	0.49	0.89	1.43	2.51	3.29	5.51	9.06	12.9	19.6	30.6	44.1	84.0	131	187	265	326
		R_1	8400	5617	4087	2825	2363	1694	1230	984	753	568	452	302	229	184	149	131
		R_2	11730	7695	5522	3761	3124	2214	1590	1263	959	718	567	376	283	226	182	160
3374	2.6	L	0.51	0.92	1.49	2.61	3.43	5.73	9.43	13.4	20.4	31.9	45.9	87.3	137	195	276	339
		R_1	9075	6069	4415	3052	2553	1830	1329	1063	813	614	488	327	247	199	161	141
		R_2	12681	8319	5969	4066	3377	2393	1719	1365	1036	776	613	406	306	245	196	173
3639	2.7	L	0.53	0.96	1.54	2.71	3.56	5.95	9.79	13.9	21.2	33.1	47.6	90.7	142	202	287	352
		R_1	9776	6538	4756	3288	2750	1972	1431	1145	876	661	526	352	266	214	173	152
		R_2	13669	8968	6434	4383	3641	2580	1853	1471	1117	836	661	438	330	264	212	186
3913	2.8	L	0.54	0.99	1.60	2.81	3.69	6.17	10.2	14.4	22.0	34.3	49.4	94.1	147	210	297	365
		R_1	10504	7024	5110	3533	2955	2118	1538	1230	94.1	710	565	378	286	230	186	164
		R_2	14695	9640	6917	4712	3914	2773	1992	1582	1201	899	711	471	354	284	228	200
4198	2.9	L	0.56	1.03	1.66	2.91	3.82	6.39	10.5	14.9	22.7	35.5	51.2	97.4	153	217	308	378
		R_1	11257	7528	5477	3786	3167	2270	1648	1318	1009	761	605	405	307	247	199	175
		R_2	15757	1033	7417	5052	4197	2973	2136	1696	1288	964	762	505	380	304	244	215
4492	3.0	L	0.58	1.06	1.71	3.01	3.95	6.61	10.9	15.4	23.5	36.8	52.9	101	158	225	319	392
		R_1	12037	8049	5856	4049	3386	2428	1762	1409	1079	814	647	433	328	264	213	188
		R_2	16856	11058	7934	5405	4489	3181	2285	1815	1378	1031	815	540	406	325	261	230

参 考 文 献

[1] 付祥钊主编. 流体输配管网（第二版）. 中国建筑工业出版社，2005.
[2] 周谟仁主编. 流体力学泵与风机（第二版）. 中国建筑工业出版社，1985.
[3] 孙一坚主编. 工业通风（第三版）. 中国建筑工业出版社，1994.
[4] 贺平，孙刚. 供热工程（第三版）. 中国建筑工业出版社，1993.
[5] 赵荣义，范存养等. 空气调节（第三版）. 中国建筑工业出版社，1994.
[6] 姜乃昌等. 水泵及水泵站（第四版）中国建筑工业出版社，1998.
[7] 王增长等. 建筑给水排水工程（第四版）. 中国建筑工业出版社，1998.
[8] 采暖通风与空气调节设计规范　GB 50019—2003
[9] 城市热力网设计规范　CJJ 34—2002
[10] 城市燃气设计规范　GB 50028—93（2002 年版）
[11] 建筑给水排水设计规范　GB 50015—2003
[12] 工业金属管道设计规范　GB 50316—2000